科普知识馆

破解万物之谜的物理学

潘秋生 编著

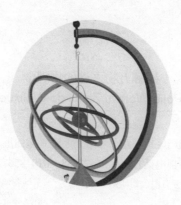

航空工业出版社

北京

内 容 提 要

物理学，是科技进步的基础，是人类认识世界的经验，每一个被发现的物理规律都含有极为丰富的科学思想和精神。本书从物理学的起源、物理学体系的形成，以及物理学原理的提出，到物理学的应用发明，乃至现代物理学研究的最前沿，循序渐进地解读了物理学的形成与发展过程。本书是物理学爱好者了解物理学发展过程的理想读本。

图书在版编目（CIP）数据

破解万物之谜的物理学 / 潘秋生编著. -- 北京：航空工业出版社，2018.1（2022.4重印）

ISBN 978-7-5165-1416-0

Ⅰ.①破… Ⅱ.①潘… Ⅲ.①物理学－普及读物 Ⅳ.①O4-49

中国版本图书馆CIP数据核字(2017)第307783号

破解万物之谜的物理学
Pojie Wanwu Zhimi de Wulixue

航空工业出版社出版发行
（北京市朝阳区京顺路5号曙光大厦C座四层 100028）
发行部电话：010-85672688 010-85672689

三河市新科印务有限公司印刷	全国各地新华书店经售
2018年1月第1版	2022年4月第3次印刷
开本：710×1000 1/16	字数：110千字
印张：10	定价：45.00元

前　言

人类自诞生伊始，就对其生存的星球充满了好奇。无论是广阔的海洋，还是浩渺的星宇都时刻寄托着人们那可渴望探索的心。火的发现与利用引导着原始人类从荒芜与黑暗慢慢走向光明与温暖，这形成了人类第一次对于"热"的印象，并在不知不觉中踏上了物理学探寻之路。

结束了茹毛饮血，人类经历了无比漫长的探索，在摸索中，人们发现了力的奥妙，于是杠杆与斜面的简单应用，让勤劳而懵懂的古代人露出了无比淳朴而灿烂的笑容。人类的智慧在生活中不断积攒，对于科学的认识也在不知不觉中汇聚。于是，慢慢地，人类开始尝试着主动认识这个充满神秘的大自然，开始尝试着解读身边发生的原本看似奇幻的事物，并在一片茫然中，试着去揭开万物存在的真谛。

物理学，在人类似懂非懂的状态下孕育着自己的生命，或者说是勤劳智慧的人类在不断地摸索探寻中为它丰满着血肉。于是，随着人类生产力的提高，以及人类对自然认知的深入，越来越多的物理学知识被发现，然后再应用到生活生产当中，这是一种循环，然而正是这种循环不断地推动着人类前行。

与其他科学相比，或许物理学是最贴近人类生活的一门科学。物理学知识往往就在人们生活的不经意间，梳头时发丝随着梳子的飘动，烧水时，壶盖随着水蒸气而上下"跳动"，打雷时先见到闪电而后听见雷声，等等，这些都包含物理学知识。

当时间从数千年前来到今天，人类迎来了高度文明，物理学也在漫长的发展过程中形成了自己完整的体系。对于物理学的形成，人类不该忘记那些默默付出的科学大师，同时也应该重温物理学形成过程中那些难忘的瞬间。于是我们有必要沿着历史的足迹，穿越历史，来一次"物理学发现之旅"。

目　录

第一章　物理学源于对宇宙的懵懂猜想

宇宙的名字怎么来的 …………………………………………………… 2

地心说的天体物理世界 ………………………………………………… 4

日心说的天体物理世界 ………………………………………………… 6

中国的浑天说与盖天说 ………………………………………………… 9

第二章　见证物理学体系的形成

杠杆"撬"出来的力学 ………………………………………………… 14

从物体振动中诞生的声学 ……………………………………………… 17

解答疑问引出的光学 …………………………………………………… 20

电学，磁学，还是电磁学 ……………………………………………… 23

爱因斯坦创立的相对论 ………………………………………………… 26

由太阳光谱走出来的天体物理学 ……………………………………… 29

一个学科，一位大师 …………………………………………………… 32

第三章　解读物理学原理的提出

能量守恒定律——"疯医生"迈尔的遗憾 …………………………… 42

牛顿运动定律——给"运动"做的解析 ……………………………… 46

开普勒定律——源于"火星作祟" …………………………………… 49

万有引力定律——苹果"砸"出来的真理 …………………………… 53

帕斯卡定律——从木酒桶破裂说起 …………………………………… 56

库仑定律——电学史上第一个定量定律 ……………………………… 58

阿基米德原理——国王命令下的意外产物 …………………………… 61

玻意耳定律——人类历史上第一个被发现的定律……………………… 64

法拉第电磁感应定律——原想证明"转磁为电"……………………… 67

麦克斯韦方程组——从此电场磁场一家亲……………………………… 70

欧姆定律——历尽波折却被别人证明的定律…………………………… 73

焦耳定律——一度不被认可的言论……………………………………… 76

光的折射定律——数位大师的接力之作………………………………… 79

诺贝尔物理学奖——物理学成就的至高荣誉…………………………… 82

第四章　走近物理学发明

指南针——用"磁"指引方向……………………………………………… 92

天文望远镜——一只观天的眼…………………………………………… 95

温度计——让温度有了数值的显示……………………………………… 98

电池——将神奇"收入瓶中"…………………………………………… 101

蒸汽机——驶向新时代的引擎…………………………………………… 105

电报——信息与时间赛跑………………………………………………… 108

电话——打破距离对声音的阻隔………………………………………… 112

第五章　量子物理学漫谈

量子理论的逐渐形成……………………………………………………… 116

自然界的四个基本作用力………………………………………………… 118

微观世界里的家庭成员…………………………………………………… 120

量子场论是用来研究什么的……………………………………………… 125

莫测的"弦"世界………………………………………………………… 127

霍金辐射…………………………………………………………………… 129

量子物理与现代化生活…………………………………………………… 131

第六章　三大时空观

绝对时空观………………………………………………………………… 138

相对时空观………………………………………………………………… 141

量子时空观………………………………………………………………… 144

物理学对于现在与未来的意义…………………………………………… 146

第一章

物理学源于对宇宙的懵懂猜想

随着人类生产力的提高，对于科学的探索已然进入一个更深的层次，越来越多的科学体系在走过漫长的探索之旅后逐渐形成了自己相对完整的结构。物理学作为与人类联系最为紧密的学科，如今迎来了属于它的高速发展时期，那么它的原始状态又是怎样的情形呢？人类初期，又是对它有着怎样的探索与认知呢？

宇宙的名字怎么来的

宇宙一词让人感叹古人命名的智慧，同时也让我们现代人意识到，也许古时的人类并不像我们今天认为的那样对时空的认识是狭隘的，有时一种表述其实就是一种思维方式。

人类是唯一会思考生命意义的动物，当他们通过劳动来让自己的生存环境更舒适，通过观察四季的变化来耕种时，就萌生出了探究四季的变化是怎么产生的。他们最先发现的是太阳对大地温度的影响，很快，他们又发现了月亮的变化，这就让他们对自己生活的这个宇宙空间产生了探索的欲望。当然，他们的探索更多的是来自一种

▼ 比银河系更加广阔浩渺的河外星系。

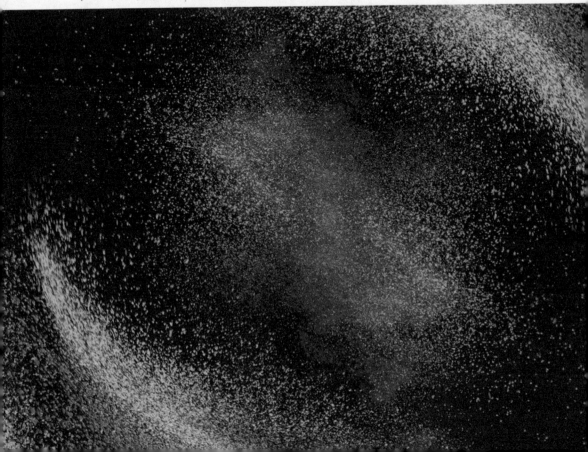

宏观上的观察与假想，而在那样蒙昧的年代，能有这样的思考已是十分了不起的事情了。其实，直到今天我们对世间万物的观察也大多是对宏观世界的一种感知，而古老的先民用他们朴素的智慧为洪荒世界定义了一个绝妙的名字，虽然他们当时没有探知宇宙真正的奥妙所在，但这个名字却是充满了理性的光辉。

我们现在一说到"宇宙"就能明白这个词指什么，但它是如何被确定用来表述那虚无缥缈的意境的呢？"宇宙"在汉语中是这样解释的："宇"代表上下四方，即所有的空间；"宙"代表古往今来，即所有的时间，所以"宇宙"这个词有"所有的时间和空间"的意思。把"宇宙"的概念与时间、空间联系在一起，体现了我国古代人民的智慧。单从字面上看，我们的祖先就非常了不起，他们已能将时间独立于空间来思考，而过了上千年人们才想出了四维空间这个概念。

今天我们用"维度"这个词来解释空间的概念，它可能很大，延伸得很远，能直接显露出来；它也可能很小，蜷缩了，很难看出来。水管比较粗大，绕着管子的那一维很容易就看到。假如管子很细——像一根头发丝或毛细血管那样细，要看那蜷缩的维可就不那么容易了。在最微小的尺度上，科学家也已证明，我们宇宙的空间结构既有延展的维，也有蜷缩的维。

知识
链接

四维空间

一维是线，二维是面，三维是立体空间，四维是弯曲空间（就是宇宙），当然这只是一种说法，并不是说第四维就是宇宙。零维是点，没有长、宽、高。一维是由无数的点组成的一条线，只有长度，没有宽、高。二维是由无数的线组成的面，有长、宽，没有高。三维是由无数的面组成的体，有长、宽、高。维可以理解成方向。因为人的眼睛只能看到一维、二维、三维，而四维以上很难解释。正如一个智力正常，先天只有一只眼睛、一只耳朵的人（这样就没有双眼效应和双耳效应），他就很难理解距离，甚至可能认为这个世界是二维的。

▲ 地球。

地心说的天体物理世界

当人类不是为吃喝而努力，而是通过望向天空来思考自然世界，人类的文明就开启了新的篇章。

古时的人生活在地球上，感觉不到地球的运动，但却可以看到太阳升起来、落下去，于是就认为地球是不动的。古希腊哲学家亚里士多德最早提出了地心说，他认为宇宙的运动是由上帝推动的。他说，宇宙是一个有限的球体，分为天地两层，地球位于宇宙中心，所以日月围绕地球运行，物体总是落向地面。地球之外有 9 个等距天层，由里到外的排列次序是：月球天、水星天、金星天、太阳天、火星天、木星天、土星天、恒星天和原动力天，此外空无一物。各个天层自己不会动，上帝推动了恒星天层，恒星天层带动了所有的天层运动。人居住的地球，静静地屹立在宇宙的中心。

为了证明自己的宇宙观，亚里士多德又发表了证明言论，他说，在月食期间可以在月亮上看到地球影子的一部分或全部，它的形状是圆周的一部分或整个圆。他推算地球周长约为39900海里。这一数字虽然比现在科学测量的结果大了约85%，但却是有关地球周长的最早推算。

托勒密全面继承了亚里士多德的地心说，并利用前人积累和自己长期观测得到的数据，把亚里士多德的9层天扩大为11层，把原动力天改为晶莹天，又往外添加了最高天和净火天。托勒密设想，各行星都绕着一个较小的圆周运动，而每个圆的圆心则在以地球为中心的圆周上运动。他把绕地球的那个圆叫"均轮"，每个小圆叫"本轮"。托勒密这个不反映宇宙实际结构的数学图景，却较为完满地解释了当时观测到的行星运动情况，并取得了航海上的实用价值，从而被人们广为信奉。

托勒密设计的这一体系被叫作"托勒密体系"。因为托勒密体系与亚里士多德体系存在着本质上的相似，所以被统称为"亚里士多德－托勒密体系"。它们在当时成为对宇宙的普遍认知，深深地影响了整个天文学乃至自然科学的发展。

知识链接

亚里士多德

亚里士多德（公元前384—前322），古希腊斯塔吉拉人，世界古代史上最伟大的哲学家、科学家和教育家之一。亚里士多德是柏拉图的学生，亚历山大的老师。公元前335年，他在雅典办了一所叫吕克昂的学校，他的学派被称为逍遥学派。马克思曾称亚里士多德是古希腊哲学家中最博学的人物，恩格斯称他是"古代的黑格尔"。作为一位最伟大的、百科全书式的科学家，他几乎对哲学的每个学科都做出了贡献。他的写作涉及伦理学、形而上学、心理学、经济学、神学、政治学、修辞学、自然科学、教育学、诗歌、风俗，以及雅典宪法。亚里士多德的一句名言是：求知是人类的本性。

日心说的天体物理世界

地心说虽开启人类文明的新篇章，但日心说却引领人类走向一条正确的道路。虽然这一学说对于宇宙的认识也不正确，但毕竟让人类可以用怀疑的眼光来看待世界，而不盲从就已是一种智慧。

对于人类来说，巨大的地球空间使他们无法感受到地球在运动，但人们却可以发现太阳、月亮及其他星体的升起与落下，这样他们只能以自己所在的位置来思考宇宙，地心说的宇宙观就以此为据。我们现在已经知道地心说中的本轮、均轮模型，是托勒密根据有限的观察资料拼凑出来的，他人为地规定本轮、均轮的大小及行星运行速度，才使这个模型和实测结果取得一致。但是，到了中世纪后期，随着观察

▼ 人类肉眼一般很难看到太阳黑子。

知识
链接

哥白尼

尼古拉·哥白尼（1473—1543），文艺复兴时期波兰数学家、天文学家。1473 年出生于波兰，通晓多国语言，了解经典文学，做过执政官、外交官，也是一名经济学家。40 岁时提出了"日心说"，并经过长年的观察和计算完成了伟大著作《天体运行论》。哥白尼的"日心说"沉重地打击了教会的宇宙观，是唯物主义和唯心主义斗争的伟大胜利。他用毕生的精力去研究天文学，为后世留下了宝贵的遗产。1543 年 5 月 24 日哥白尼在弗龙堡辞世，遗骨于 2010 年 5 月 22 日在波兰弗龙堡大教堂重新下葬。

仪器的不断改进，行星位置和运动的测量越来越精确，观测到的行星实际位置同这个模型的计算结果的偏差就逐渐显露出来了。

到了 16 世纪，哥白尼发现托勒密的这些"轮子"模型无法解释一些天体运行问题。哥白尼想用"现代"（16 世纪的）技术来改进托勒密的测量结果，希望能取消一些小轨道。在长达近 20 年的时间里，哥白尼不辞辛劳日夜测量行星的位置，但其测量获得的结果仍然与托勒密的天体运行模式没有多少差别。

哥白尼想知道，如果在另一个运行着的行星上观察这些行星的运行情况会是什么样的。基于这种设想，哥白尼萌发了一个念头：假如地球在运行中，那么这些行星的运行看上去会是什么情况呢？这一设想在他脑海里变得清晰起来了。接下来的一年里，哥白尼在不同的时间、不同的距离从地球上观察行星，每一个行星的情况都不相同，这时他意识到地球不可能位于行星轨道的中心。经过多年的观测，哥白尼发现唯独太阳的周年变化不明显。这意味着地球和太阳的距离始终没有改变。如果地球不是宇宙的中心，那么宇宙的中心就是太阳。他立刻想到如果把太阳放在宇宙的中心位置，那么地球就该绕着太阳运行。这就是哥白尼的伟大"日心说"。

而让哥白尼这一学说得到证明的是伽利略，他通过改进的望远镜，发现月球表面凹凸不平，木星有四个卫星（现称伽利略卫星），太阳黑子和太阳的自转，金星、木星的盈亏现象，以及银河由无数恒星组成等。他用实验证实了哥白尼的"地动说"，彻底否定了统治千余年的亚里士多德和托勒密的"天动说"。

而真正为哥白尼的"太阳中心说"提供最有力证明的是开普勒的行星运动三大定律。他被后世誉为"天空立法者"。

开普勒第一定律是：所有行星绕太阳运转的轨道是椭圆的，其大小不一，太阳位于这些椭圆的一个焦点上。

开普勒第二定律这样断定：向量半径（行星与太阳的连线）在相等的时间里扫过的面积相等。由此得出了以下的结论：行星绕太阳运动是不等速的，离太阳近时速度快，离太阳远时速度慢。这一定律进一步推翻了唯心主义的宇宙和谐理论，指出了自然界的真正的客观属性。

开普勒第三定律是：行星公转周期的平方与它们各自轨道半长轴的立方成正比。这一定律将太阳系变成了一个统一的物理体系。行星运动三定律的发现为经典天文学奠定了基石，并导致数十年后万有引力定律的发现。

哥白尼学说认为天体绕太阳运转的轨道是圆形的，且是匀速运动的。开普勒第一和第二定律恰好纠正了哥白尼的上述观点的错误，使"日心说"更趋于完善，更彻底地否定了统治了人类千百年的托勒密"地心说"。开普勒还指出，行星与太阳之间存在着相互的作用力，其作用力的大小与二者之间的距离长短成反比。

▲ 浩渺的星宇寄托了人们对于宇宙天文的无限认知渴望。

中国的浑天说与盖天说

对于天地的认识，从人类诞生就开始了，虽然我们现在在物理学当中所所接触到的天文知识，已经形成了科学的体系，或者说，人们对于天地宇宙的认识已经摆脱了原始的蒙昧，进入了一个相对科学的领域。但是这种认识的实现，却经历了漫长的过程，这种过程同时也是一种新学说取代旧学说的过程。

这里不得不提的就是浑天说取代盖天说。在古代，人们看到高远的苍天笼罩着大地，于是就产生了"天圆地方"的认识，后来慢慢经由古代学者的提炼总结，最终形成了比较古老的有关宇宙的学说——盖天说。盖天说据史料推测起源于殷末周初。早期的浑天说推崇天圆地方，认为"天圆如张盖，地方如棋局"，穹隆似的天覆盖在正方形的平直大地上。但因为圆盖形的天无法与方形的大地相吻合，于是有人提出，天地并不相接，而是天高远地悬在大地之上，地由八根柱子支撑着。这种说法以后还引出了共工氏怒触不周山以及女娲氏炼石补天的神话。

因为对天地宇宙认识的不同，各种说法也很难实现统一，即便是盖天说，却还有另外的说法，认为天地都是球穹状的，并推算两者间相距8万里，北极位于天穹

▲ 古代，人们印象中的宇宙往往就是一个充满神秘色彩的巨大"天球"。

的中央，日月星辰围绕它不停地旋转。

盛极一时的盖天说，虽然在汉代以前一直在天文学界起着主导作用，但随着人们对于宇宙等自然的认识不断加深，最终在汉代逐渐被"浑天说"所取代。

张衡在《浑仪注》中说："浑天如鸡子。天体圆如弹丸，地如鸡子中黄，孤居于天内，天大而地小。天表里有水，天之包地，犹壳之裹黄。天地各乘气而立，载水而浮。周天三百六十五度又四分度之一，又中分之，则半一百八十二度八分度之五覆地上，半绕地下，故二十八宿半见半隐。其两端谓之南北极。北极乃天之中也，在正北，出地上三十六度。

然则北极上规径七十二度，常见不隐。南极天地之中也，在正南，入地三十六度。南规七十二度常伏不见。两极相去一百八十二度强半。天转如车毂之运也，周旋无端，其形浑浑，故曰浑天。"

相比较盖天说，浑天说无疑是对天地宇宙的更近一步认识，它否定了天是半球的认识，而是认为天是一整个圆球，地球在其中，就像蛋黄被鸡蛋包裹在中间一样。不过，浑天说并不认为"天球"就是宇宙的界限，它认为"天球"之外还有别的世界，即张衡所谓："过此而往者，未之或知也。未之或知者，宇宙之谓也。宇之表无极，宙之端无穷。"

浑天说认为：地球不是独自悬在空中，而是浮在水上的；后来随着认识的发展，又提出地球浮在气中，因此有可能回旋浮动，这一说法后来开启了"地有四游"的朴素地动说的先河。

浑天说认为恒星遍布于一个"天球"上，而日月等星体则依附于"天球"上运行，这一说法与现代天文学的天球概念已经非常接近了。因而浑天说采用球面坐标系来量度天体的位置，计量天体的运动。

浑天说提出之后，虽然对盖天说形成挑战，但是并没有立刻取代盖天说，两种学说在一定时期内各执一词。但是，在对宇宙构成的认识上，浑天说显然比盖天说相对科学，并且能够合理地解释诸多天文现象。

▼ 浑天仪的发明，极大地推动了古代人类对于宇宙天文的认知。

第二章

见证物理学体系的形成

世界在人类的眼中总是从部分逐渐到整体，这或许就是人类认识逐步加深的缘故。在物理学中，物理学体系的建立也正是随着人们科学探索脚步的迈进而一点一点"搭建"起来的。这一过程是无比漫长而坎坷的，同时在这个过程中更是充满了无数耐人寻味的或幽默或凄婉的故事。正是它们，见证了物理学体系的形成。

杠杆"撬"出来的力学

"我不费吹灰之力，就可以随便移动任何重量的东西；只要给我一个支点，给我一根足够长的杠杆，我连地球都可以推动。"

——阿基米德写给国王亥尼洛的信

如果说自然科学是一种原有的存在，那么人类对于它的作用，或许就是发现并且利用它。这种发现与利用是一个无比漫长的过程。因为要经历不同的时代、不同的地域文化、甚至不同的学者的参与，于是，这个过程就充满了趣味，往往一个科学学说的建立就是从一段趣味故事开始的。

阿基米德那句"给我一个支点，我能撬起地球。"以及它前后发生的故事就是

▼ 支点与力臂的组合构成了杠杆，这在扳手等工具中得到了充分体现。

▲ 杠杆、滑轮等力学知识的运用，在起重机等现代生产设备中充分体现。

物理力学领域不能不提的一段"故事"，由它，我们或许能够窥见些许力学发现之初的情形。

古希腊物理学家阿基米德在亚历山大留学的时候，经常被埃及百姓提水所用的吊杆以及奴隶劳动时使用的撬棍所吸引，向来喜欢琢磨的他深受启发，认为借助一种杠杆能够实现省力的目的，并且手握点到支点的距离越大，所花费的力气就越小。在反复研究之后，他得出后来被奉为经典的杠杆原理：力臂和力成反比关系！

或许是沉浸于新发现的喜悦当中，在后来写给当时国王亥尼洛的信中，阿基米德难掩兴奋："我不费吹灰之力，就可以随便移动任何重量的东西；只要给我一个支点，给我一根足够长的杠杆，我连地球都可以推动。"

豪言能够"撬地球"的阿基米德很快迎来了挑战：叙古拉国王海维隆替埃及国王制造了一艘大船，因为船体太重，一直不能放进海里，这时国王想到了阿基米德："你不是宣称自己连地球都撬得动吗？那么现在就把这艘船放到海里吧。"

阿基米德成竹在胸，他巧妙地利用几种机械组合，组装出一部机具。到了国王规定的日期，阿基米德在众人的观望与议论声中将牵引着机具的绳子一端交给国王，国王按照阿基米德的话，轻轻一拉，大船果然被乖乖地置于水中。

至此，阿基米德那句"撬地球"的豪言深深地被人们信服，也从这以后，杠杆越来越多地被人们利用在生产生活当中。力学也逐渐有了一个初始的概念。

随着生产力的发展，科学探索也有了进一步的深入，在阿基米德提出杠杆原理之后的漫长岁月里，伽利略通过实验分析、资料总结阐明了自由落体运动的规律，于是加速度这一概念正式提出。

继伽利略之后，牛顿在延续先前科学大师的学术成果的同时，进行了自己独立的科学研究，一边修正历史学说，一边提出了运动三定律，在人类科学史上，牛顿运动定律的提出，标志着力学成为一门独立的科学。

力学"开山立派"之后，力学的研究对象逐渐从单个自由质点向受约束质点、质点系过渡，其后欧拉把牛顿运动定律用于物理流体的运动方程，由此引出连续介质力学。

在物理学领域，力学的招牌无疑就是经典力学，作为力学的分支，经典力学由牛顿理论体系和汉密尔顿理论体系组成。然而探寻经典力学的初始，它的奠基人却是伽利略以及与他同时期的物理学家们，正式创建却是牛顿。为此牛顿还有一句表现了他无比谦虚的名言：如果说我比别人看得更远些，那是因为我站在了巨人的肩上。

牛顿对于物理学的巨大贡献，让他成为人类历史上被永远铭记的科学巨人。

经典力学从伽利略、牛顿等物理学家的研究中走出来，于是那时的经典力学更加注重对于速度、加速度、位移以及力等矢量关系的研究，所以这一时期经典力学又常被称为"矢量力学"。

经典力学在前后物理学大师的传承、修正、补充下逐渐完善，并最终成为现代物理学领域举足轻重的一门学科。

物理学的发展经历了漫长的进程，而力学只是其中的一个缩影。在不断地研究求证中诞生，在争议与修正中发展，相信力学在人类文明进程中依旧处于一个阶段，一个不断发展的阶段。

◀ 牛顿对于物理学的巨大贡献，让他成为人类历史上被永远铭记的科学巨人。

▲ 钟是人类根据振动发声而发明出来的。

从物体振动中诞生的声学

　　留心生活，往往就是获取真知的最佳途径。在人类走过的漫长岁月中，无论是真理定律，还是其他科学发现，往往离不开生活的启示。就像物体振动启发了人类对于声学的探究……

　　声音是人类听觉器官所能接收到的一种特殊信号，生活中各种声音构成了生动的世界。人类对于声音的研究构成了声学。虽然声音作为人类诞生之初就能接获的信息，和人类有着紧密的联系，但是现代声学的形成，却经历了漫长的过程。

　　从17世纪初期开始，人类正式开始了对声学的系统研究，这源于伽利略对物体

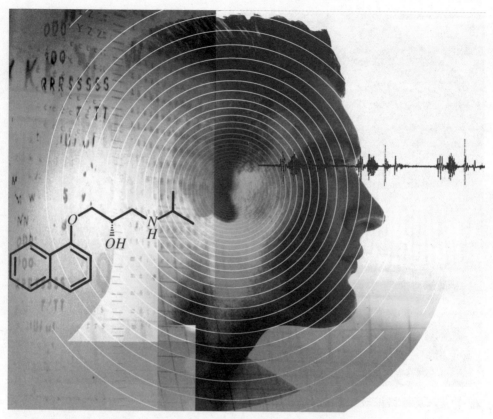

▲ 声波是声音的传播方式，也是人耳所能接收到的声音讯号。

振动的兴趣。看似平常的对于物体振动的研究，却无意间拉开了现代声学研究的原始序幕。

17 世纪到 19 世纪，这一漫长的时间里，无数物理学家乃至数学家都对研究物体振动以及声音的产生原理产生了浓厚的兴趣，并做了大量的研究工作。虽然这一时期迎来了声学研究的一个高峰期，但是对于声音传播问题的关注，却早就已经有了。

翻阅历史，早在 2000 年前中国和西方就开始有人将声音与水面波纹进行类比。到了 1635 年，有人开始在假设光传播不需要时间的情况下，尝试使用枪声测量声速。1738 年巴黎科学院通过炮声测得声速为 332m/s，这和科学数值 331.45m/s 相差无几，在当时缺乏声学仪器的情况下，堪称奇迹。

1747 年 J.L.R. 达朗伯第一次导出弦的波动方程，同时认为可用于声波。但是直到 19 世纪末，除了人耳以外，没有任何接收声波的仪器，人耳所能听到的最低声音强度大约是 10 ~ 6W/m²。到了 1843 年，G.S.欧姆提出人耳能够把复杂的声音分解成谐波分量，并且按照分音大小判断音频，这被称为"欧姆声学理论"。

欧姆声学理论的提出，为人类研究声学提供了巨大启发，在这之后引起了后来所谓的室内音质以及建筑声学等的研究，并取得了一定的成就。1900 年，美国物理学家赛宾通过实验推导得出混响公式，建筑声学正式成为声学领域下的一门科学。

虽然声学研究成果众多，但是一直也没有进行系统的归纳，直到 19 世纪后期英国科学家瑞利的出现，才改变了这一局面。他总结了 19 世纪以及此前两三百年里的诸多声学研究成果，并成功出版了两卷集经典声学大成的《声学原理》，由此开启了现代声学先河。

随着人类生产力的进步，科技的发展，20 世纪在电子学的推动下，声学研究的范围已经达到很宽的范畴。这时使用电声换能器以及其他电子设备，能够产生接收并利用各个不同频率、波形的声波。

成与发展过程中，建筑声学和电声学最先作为它的分支出现。之后，又逐渐随着声音频率范围的扩展，形成了超声学和次声学，语言声学也得以发展。第二次世界大战中超声在水下的应用促进了水声学的形成。

在工业文明快速发展的情况下，噪声污染成为人类不得不面对的新问题，这时噪声控制的研究被普遍重视，非线性声学得以形成并发展，加之逐渐完善的生物声学等，现代声学体系开始形成完整的轮廓以及体系。

**知识
链接**

巴黎科学院的历史可追溯到 17 世纪初，当时巴黎学界有不少小群体，其中比较著名的是梅森的小组，他们定期聚会，并且同当时学界的著名人物，如笛卡尔、伽桑狄、费马、帕斯卡等，都保持着长期的通信联系。1666 年，在财政大臣科尔培的资助和安排下，卡西尼、惠更斯等一小群学者来到新落成的国王图书馆举行学术会议，以后每周两次，科学院也就由此形成。

▲ 太阳光是自然界中最常见的光。

解答疑问引出的光学

　　好奇心往往是人类生来具备的，因为好奇心，人类有了对生活的诸多疑问，自然而然地就由此引出了对疑问的解答。在物理学中，正是由"人为什么能看见物体"这个疑问引出了光学。

　　视听是人类与生俱来的两种感官体验，对于双眼来说，光是能够让双眼看到物体的先决条件。在自然科学里，光也是构成物理学的不可缺失的因素，所以对于光学的研究，一直以来都是人类长期坚持的课题。

　　光学的形成更是凝聚了无数学者的辛勤与汗水。然而有趣的是，最初对于光学的研究却是为了解答一个疑问，那就是："人为什么能够看见身边的物体？"

　　早在先秦时期，《墨经》就记载了影的概念，并描述了光的直线传播、小孔成像等，同时涉及了平面镜等物像关系。这被认为是世界最早的光学知识。在随后的漫长历史进程中，光学缓慢发展，直到17世纪初，斯涅耳和笛卡尔提出光的反射和折射定律。光学才得以快速发展。

1665年牛顿通过太阳光实验，提出了光谱的概念，让人们第一次认识到光的特征。此外牛顿还发现当白光照射到放在光学玻璃板上的凸透镜上时，透镜与玻璃板接触处呈现出一组同心环状条纹；当照射光变成单一色时，条纹变成明暗相间。这组环状条纹，后来被称为牛顿环。

后来牛顿根据光的直线传播特性，提出光的微粒子说，认为微粒从光源飞出，在均匀介质中遵循力学定律做匀速直线运动。然而面对牛顿的说法，惠更斯提出了反对意见，并创造了自己的光波动说，认为光与声音一样，通过球形波面传播。到19世纪初，波动光学诞生，经过菲涅尔的补充更新，"惠更斯－菲涅尔原理"正式被提出，它能够合理地解释光的衍射现象以及光的直线传播。

1846年法拉第发现了光的振动面在磁场中能够发生旋转，由此证实了光学现象与磁学存在着内在联系。

此后的数十年间，光学在科学家

知识
链接

《墨经》中有8条论述了几何光学知识，它阐述了影、小孔成像、平面镜、凹面镜、凸面镜成像，还说明了焦距和物体成像的关系，这些比古希腊欧几里得（约公元前330—前275）的光学记载早百余年。

《墨经》光学8条部分内容译文：

两个人，临镜而站，影子相反，若大若小。原因在于镜面弯曲；

镜子立起，影子小则是镜位斜，影子大则是镜位正中，是所谓以镜位正中为准，分内外的原理；

无论镜子大小，影只有一个；

影子不移，是所谓没改变的结果；

一止而二影，是所谓重复用镜的结果；

影子颠倒，在光线相交下，焦点与影子造成，是所谓焦点的原理；

影子在人与太阳之间，是所谓反照的结果；

影子的大小，是所谓光线所照地方的远近而造成的原理。

的不断探索中得以持续发展。1900 年普朗克提出量子论，认为各频率的电磁场，包括光等只能通过各自分量的能量中从振子射出，由此进一步导出量子概念，把光的量子称为光子。

运用量子论，爱因斯坦解释了光电效应，并说明光与物质相互作用时，是以光子为最小单位进行的。后来在他发表的《关于运动媒质的电动力学》一文中，又详细地解释了运动物体的光学现象。

之后，爱因斯坦进一步开展研究，他提出在一定条件下假若能让受激辐射继续激发其他粒子，从而引发连锁反应，最终可以得到单色性极强的辐射，也就是激光。1960 年激光器研制成功，由此引发了科学技术的一次重大变革。

可以说 20 世纪 50 年代以来，光学取得了突飞猛进的发展，这一阶段，人们将其他科学，比如电子技术、应用数学、通信技术等理论与光学相结合，从而将光学应用推向了更加宽广的领域。

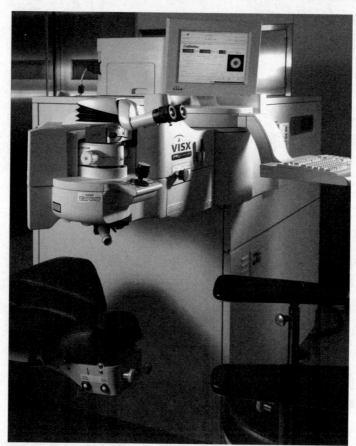

在经过无数科学家不断探索之后，现代光学已经形成了相对完整的体系，在这其中，几何光学、物理光学以及量子光学成为光学体系中尤为突出的组成部分。它们不仅在物理学领域占据着重要地位，同时也对人类生产生活起着不可忽视，甚至越来越重要的作用。

▲ 激光近视治疗仪——随着科技的发展，现在社会中对于激光技术的应用已经实现了一种飞跃。

电学，磁学，还是电磁学

有些事物之间的联系并不是显而易见的，它需要去认真地加以发掘，只有深入分析，才能发现它们之间或许原本"是一家"。物理学领域，电学、磁学原本看似不想干的科学，却在人类的探索下逐渐显露出它们的内在样貌，于是人们叫它"电磁学"。

人类对于自然科学的认识，随着生产力以及科技的进步而加深。所以在认识初期，往往有着一定的局限，这也就不难理解，为什么在人类科技发展史上，对于一些概念的解读经常是先分裂后整合，先片面后整体。

在物理学里，电磁学就是一个最生动的例子，因为起初人们对于电磁学的认识是割裂的，也就是电学是电学，磁学是磁学。

起初人们认为磁现象与电现象毫不相干，同时随着磁学自身的发展，使得磁学内容不断扩充，这也在一定程度上促使磁学与电学成为两个看似平行的学科。

然而这一局面终究要被打破，随着电流的磁效应以及变化的磁场电效应两个实验的成功，电学和磁学两个原本似乎"老死不相往来"的科学发展成为物理学中一个完整的体系，也就是电磁学。而这两个实验加上麦克斯韦有关电场产生磁场的假设，成为电磁学体系的基础，并促进了以后电工、电子技术的发展。

麦克斯韦电磁理论对于电磁学的整合起着巨大的作用，这不仅表现在它支配着所有宏观电磁现象，同时在于它把光学现象也统一在这一框架之内。

人类对于电子的发现，促使电磁学同原子与物质结构的理论第一次相结合起来。而洛伦

▶ 风车，是人类对电认识后所发明的，有时也能被看做电的象征。

知识
链接

　　电子技术是根据电子学的原理，运用电子器件设计和制造某种特定功能的电路以解决实际问题的科学，包括信息电子技术和电力电子技术两大分支。信息电子技术包括模拟电子技术和数字电子技术。电子技术是对电子信号进行处理的技术，处理的方式主要有：信号的发生、放大、滤波、转换。

兹电子论的提出，把物质的宏观电磁性质归结成原子中电子的效应，进而完整统一地说明了电、磁、光现象。

　　19世纪后期赫兹通过一个有着初级、次级两个绕组的振荡线圈开展实验，并不经意间发现当一个脉冲电流通过初级线圈时，次级绕组两端的狭缝中便会产生电火花。由此赫兹收到启示，并猜测这应该是电磁共振现象。既然初级线圈的振荡能够让次级线圈产生电火花，那么它一定能够在附近介质中产生振荡的位移电流，同时这个位移电流也会反向影响次级绕组的电火花产生强弱变化。

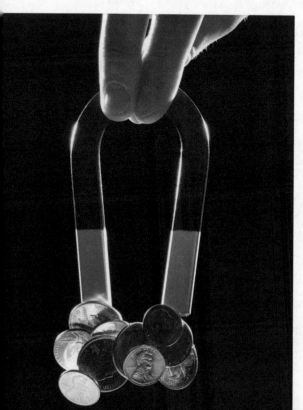

　　1年后赫兹设计了一个感应器——直线型开放振荡器留有间隙环状导线C作为感应器，并把它置于振荡器AB附近，当脉冲电流通过AB并且在其间隙中产生电火花时，C的间隙同样有电火花产生。

　　1883年，赫兹开始尝试测定电磁波的速度。并在《论空气中的电磁波和它们的反射》一文中介绍了方法：利用电磁波形成的驻波测定相邻两个波节间的距离，再结合振动器的频率计算出电磁波的速度。他在一个大屋子的一面墙上钉了一块铅皮，用来反射电磁波以形成驻波。在相距13米的地方用一个支流振动器作为波源。用一个感应线圈作为检验器，沿驻波方向前后移动，在波节处

◀ 磁铁与金属的磁现象。

检验器不产生火花，在波腹处产生的火花最强。用这个方法测出两波节之间的长度，从而确定电磁波的速度等于光速。

几年之后他又设计了"感应平衡器"：也就是将1886年的装置一侧放置了一块金属板D，然后将C调远使间隙不出现火花，再将金属板D向AB和C方向移动，C的间隙又出现电火花。这是因为D中感应出来的振荡电流产生一个附加电磁场作用于C，当D靠近时，C的平衡遭到破坏。这一实验说明：振荡器AB使附近的介质交替极化而形成变化的位移电流，这种位移电流又影响"感应平衡器C"的平衡状态。使C出现电火花。当D靠近C时，平衡状态再次被破坏，C再次出现火花。从而证明了"位移电流"的存在。

在这之后赫兹又利用金属面使电磁波做45°角的反射；通过金属凹面镜使电磁波聚焦；用金属栅使电磁波发生偏振；用非金属材料制成的大棱镜使电磁波发生折射等。从而证明麦克斯韦光的电磁理论的正确性。

在经过赫兹的实验研究之后，麦克斯韦电磁场理论最终被人们承认。至此由法拉第开创、麦克斯韦建立，赫兹验证的电磁场理论向全世界宣告了它的胜利。电磁学也正式建立了属于自己的完整体系。

▼ 学感应器——人类设计出了多种多样的感应器，并将它们应用到生活当中。

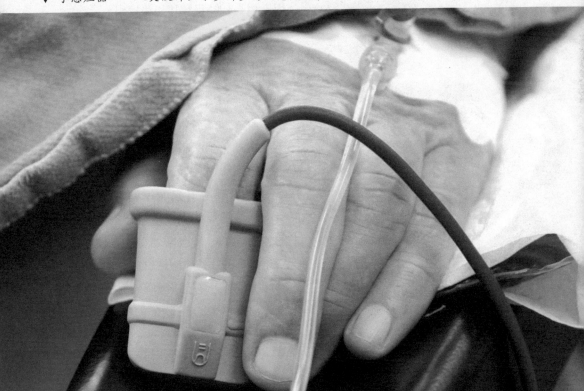

爱因斯坦创立的相对论

　　一个科学家终其一生，总是能够找到能可以表其毕生学术研究的成果。在科学界，爱因斯坦或许不是因为相对论而家喻户晓，但是他所创立的相对论，却足以让他成为人类科学进程中永远的大师。

　　科学史从某个角度来看也可以说是"言论史"，往往一个科学家所提出的科学言论就代表着某个领域的科学精髓，这一事实始终贯穿于人科学探索的整个历程。

　　相对论作为爱因斯坦提出的著名理论，不仅颠覆了人类对于宇宙以及自然的传统认识，同时为人类导入了"时间与空间的相对性""弯曲空间""四维时空"等全新的理念。在人类对自然以及科学探索上产生了巨大的影响。

　　相对论并不是一个单一的理论，它又分为狭义相对论和广义相对论，分别由爱因斯坦在1905年和1915年提出。

　　19世纪，随着麦克斯韦电磁场理论的提出以及证实，人们普遍相信宇宙中充满一种叫作"以太"的物质，电磁波正是以太振动的传播。然而后来人们发现这种说法本身充满矛盾。假设地球是在静止的以太中运动，那么根据速度叠加原理，地球上沿不同方向传播的光速一定不同。1788年迈克尔逊利用光的干涉现象进行了测量，但依旧没能发现地球存在相对于以太的任何运动。爱因斯坦对这一问题变换角度进行研究，并指出只有抛开牛顿的绝对时间概念，所有问题都会随之解决，而完全不需要以太。

◀"时代伟人"爱因斯坦。

在经典物理学领域，时间向来被认为是绝对的，它始终作为不同于三个空间坐标的独立角色存在。直到爱因斯坦相对论的提出，才把时间与空间联系在一起。同时它提出物理的现实世界中每个事物都有四个数来解释，并由这些数构成了它们的四维坐标。

在狭义相对论的影响下，产生另外一个成果就是有关质量与能量关系的说明。在爱因斯坦相对论提出之前，科学界一直认为能量和质量是分别守恒的两种完全不同的量。然而在爱因斯坦的相对论中它们却是密不可分的，于

▲ 武汉大学校园内的爱因斯坦塑像——爱因斯坦一生为科学所作出的贡献，使之成为全人类共同尊敬的一代大师。

是他提出一个著名的质量 - 能量公式：$E=mc2$，其中 c 为光速。在这里质量被看作是能量的量度。面对爱因斯坦这些新概念，整个物理学界很难接受，于是爱因斯坦的狭义相对论一直处于一种尴尬的境遇。

在狭义相对论提出后，虽然受到整个物理学界甚至科学界的抵制，但是爱因斯坦依旧坚持自己的研究，并在狭义相对论提出10年后，也就是1915年再次提出了广义相对论。

在狭义相对论中狭义相对性原理还局限于两个相对匀速运动的坐标系，而广义相对论则取消了匀速运动这一限制。在这里爱因斯坦引入了一个等效原理，提出任何加速和引力都是等效的。自此基础上爱因斯坦分析了光线在行星附近传播时会受引力而发生弯曲的现象。他认为可以不考虑所谓的引力概念，而是行星

知识链接

　　电磁波，又称电磁辐射，是由同相振荡且互相垂直的电场与磁场在空间中以波的形式移动，其传播方向垂直于电场与磁场构成的平面，有效的传递能量和动量。电磁辐射可以按照频率分类，从低频率到高频率，包括有无线电波、微波、红外线、可见光、紫外光、X－射线和伽马射线等等。

的质量使其附近的空间变得弯曲。根据这些研究，爱因斯坦导出了一组方程，它们能够确定由物质的存在而产生弯曲的几何。

　　1915年爱因斯坦在一篇提交给普鲁士科学院的论文里对广义相对论做了完整详细的论述。在论述里爱因斯坦在解释了天文观测中发现的水星轨道近日点移动之谜，同时预测星光经过太阳附近会发生偏折，折角大约是牛顿预言的两倍。1919年汤姆逊在英国皇家学会、皇家天文学会联席上郑重宣布了爱因斯坦预言的科学性，并称赞其是人类思想史上最伟大的成就之一，是思想界的新大陆。《泰晤士报》对这一事件进行了新闻报道，由此爱因斯坦的广义相对论被广泛接受。

　　相对论的提出，再一次革新了人们对于自然的认识，虽然从提出到获得认可经历了漫长的过程，但不可否认的是，它一经被认可，便对物理学乃至整个科学界产生了深深的影响。

▼ 八大行星中最小的水星，也是距离太阳最近的行星，按照特定的轨道，绕日公转。

▲ 星系是宇宙中庞大的星星的"岛屿"，它也是宇宙中最大、最美丽的天体系统之一。

由太阳光谱走出来的天体物理学

天体，这个充满着神秘，似乎永远高渺的科学，纵然似乎遥不可及，却从来都是人类目光的焦点。于是后来，当人类发现了太阳光谱，沿着这条从天体获取的"线索"，人类开始了天体物理学的研究。

宇宙自古以来就深深地吸引着人们探索的目光，对于宇宙星体的猜想也从人类诞生之初，便从未停止。在长期的探索过程中，慢慢形成了一门学科，这就是天体物理学。

天体物理学作为物理学的一个分科，不论是在物理学体系还是人类实际生活中都产生着巨大的影响。

19世纪中叶，基尔霍夫根据热力学规律断言太阳上存在着一些和地球上一致的化学元素。这被看作是理论天体物理学的开端。

由最原始的对于宇宙的好奇，人类在探索中收获了更多真知。

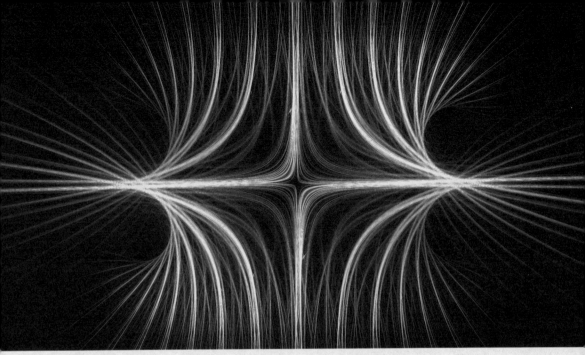

▲ 对光谱的认识与应用，为人类提供了巨大的帮助。

　　理论天体物理学的发展紧密地依赖于理论物理学的进步，几乎理论物理学每一项重大突破，都会极大地促进理论天体物理学的进步。20世纪20年代初随着量子论的建立，使深入研究恒星的光谱变得更加现实，并由此建立了恒星大气的系统理论。30年代在原子核物理学取得了一定的发展之后，对于恒星能源的疑问得到了解决，进而使恒星内部结构理论迅速发展；在这一基础上根据赫罗图的实际测量结果，最终确立了恒星演化的科学理论。1917年爱因斯坦通过广义相对论分析宇宙的结构，创立了相对论宇宙学。1929年哈勃发现了河外星系的谱线红移与距离间的关系，以后人们利用广义相对论的引力理论来分析有关河外天体的观测资料，探索大尺度上的物质结构和运动，于是也就形成了现代物理学。

　　自公元前129年古希腊学者目测恒星光度起，其间经过1609年伽利略通过光学望远镜观测天体，绘制月面图，到1655年惠更斯发现土星光环和猎户座星云以及后来哈雷发现恒星自行，再到18世纪老赫歇耳开创恒星天文学，这被称为是天体物理学的孕育时期。

　　19世纪中叶，三种物理方法——分光学、光度学和照相术被广泛地应用到天体的观测研究以后，对天体的结构、化学组成、物理状态的研究形成了完整的科学体系，天体物理学开始成为天文学的一个独立的分支。

　　天体物理学的发展，促使天文观测和研究不断出现新成果和新发现。1859年，基尔霍夫对夫琅和费谱线做出了科学解释。他认为夫琅和费谱线是光球所发出的连续光谱被太阳大气吸收而形成的，这一发现推动了天文学家用分光镜研究恒星；几年以后，哈根斯用高色散度的摄谱仪观测恒星，证认出某些元素的谱线，以后根据多普勒效应又测定了一些恒星的视向速度；1885年，皮克林第一个使用物端棱镜拍摄光谱，尝试光谱分类。通过对行星状星云和弥漫星云的研究，在仙女座星云中发现新星。这些发现使天体物理学不断向广度和深度发展。

20世纪初，赫茨普龙在以往的观测基础上将部分恒星分为巨星和矮星；1913年，罗素按绝对星等与光谱型绘制恒星分布图也就是赫罗图；3年以后亚当斯和科尔许特发现相同光谱型的巨星光谱和矮星光谱存在细微差别，并确立用光谱求距离的分光视差法。

在天体物理理论方面，1920年，萨哈提出恒星大气电离理论，通过埃姆登、史瓦西以及爱丁顿等人的研究，有关恒星内部结构的理论逐渐完善；到1938年，贝特提出了氢聚变为氦的热核反应理论，成功地解决了主序星的产能机制问题。

1929年，随着哈勃定律的提出，星系天文学获得了快速发展；1931—1932年，央斯基发现了来自银河系中心方向的宇宙无线电波；20世纪40年代，英国军用雷达发现了太阳的无线电辐射，从此射电天文蓬勃发展起来；到60年代人类通过射电天文手段又先后发现了类星体、脉冲星、星际分子、微波背景辐射等。

1946年美国开始用火箭在离地面30～100公里高度处拍摄紫外光谱。1957年，苏联发射人造地球卫星，为大气外层空间观测创造了条件。在这之后美国、欧洲、日本也相继发射用于观测天体的人造卫星。从此天文学进入全波段观测时代。

▼ 对光谱的认识与应用，为人类提供了巨大的帮助。

一个学科，一位大师

　　科学体系的建立，无法离开伟大的科学家的持续探索与钻研。在物理学体系逐渐形成并得以完善的过程中，有着无数科学家的付出，正因为如此，人类历史永远地记录了他们的故事。也许他们人数众多，但是往往从一位大师的身上就能窥见这个群体的高大。

力学——牛顿

　　1643 年，艾萨克·牛顿出生在英格兰林肯郡乡下的一个小村落。牛顿出生前三个月，他的父亲便去世了。因为早产，牛顿显得异常瘦弱，当时人们都担心这个小

▼ 牛顿作为人类伟大的科学家，他对于科学的执着始终激励着人们奋进。

家伙是否能够活下来。在牛顿 3 岁时，他的母亲改嫁给了牧师巴纳巴斯·史密斯，牛顿被托付给了他的外祖母玛杰里·艾斯库。

5 岁左右，牛顿被送到公立学校读书。那时他资质平常、成绩一般，但他喜欢读书，尤其是一些介绍各种简单机械模型书籍，并且在看书的同时喜欢动手去试着制作脑子里想到的小东西。

几年以后，牛顿来到离家不远的格兰瑟姆中学读书，他的母亲非常希望他成为一个地道的农民，但牛顿却不这么想。随着年岁的增长，牛顿对书的兴趣越发浓烈，喜欢沉思，做科学小实验。

后来迫于生活，母亲让牛顿停学在家务农，赡养家庭。但对学习如饥似渴的牛顿却并没有就此放弃学习，于是经常一边干着手里的活一边捉摸着脑子里出现的疑问。最终牛顿的好学感染了他的舅舅，最终在舅舅的劝说下，母亲同意让牛顿复学，并鼓励牛顿上大学读书。

1661 年，牛顿如愿进入了剑桥大学的三一学院学习。在那时，虽然学院的教学理论基于亚里士多德学说，但牛顿更喜欢笛卡尔等现代哲学家以及伽利略、哥白尼和开普勒等天文学家更先进的思想。

在大学毕业前后的一段时间里，他发现了广义二项式定理，并开始了后来人们所熟悉的微积分研究。1665 年，牛顿获得了学位，但因为当时疫病流行，大学的被迫关闭，终止了他继续学习的愿望。在回到家乡以后，牛顿继续研究微积分学、光学和万有引力定律。

在微积分学以及光学等取得了巨大成就之后，1679 年，牛顿重新回到力学研究当中，并将研究成果写进了《物体在轨道中之运动》里，并在后来的《自然哲学的数学原理》中进行了重新提炼。

随着《自然哲学的数学原理》的发表，牛顿迅速赢得了世界科学界的认可，由此奠定了自己在人类科学进程中永恒的地位。

光学——惠更斯

克里斯蒂安·惠更斯，1629 年 4 月出生在海牙。惠更斯自幼聪敏，并对科学有着与生俱来的痴迷。

世界知名物理学家、天文学家、数学家，和发明家，机械钟（他发明的摆钟属于机械钟）的发明者。他于 1629 年 4 月 14 日出生于海牙。父母是大臣和诗人，与 R. 笛卡尔等学界名流交往甚密。1645—1647 年在莱顿大学学习法律与数学；1647—1649 年转入布雷达学院深造。在阿基米德等人著作及笛卡尔等人直接影响下，致力于力学、光波学、天文学等科学的研究。并在钟摆发明、天文仪器的设计以及光的波动理论方面有着突出的见解。

1663 年惠更斯被英国皇家学会聘为第一个外国会员，1666 年被刚成立的法国皇家科学院选为院士。体弱多病的惠更斯一生致力于科学事业，终生未娶，1695 年 7 月 8 日在海牙逝世。

在惠更斯有限的人生当中，提出了著名的惠更斯原理。这为后来菲涅尔的继续研究并创立"惠更斯－菲涅尔原理"奠定了基础。

惠更斯认为每个发光体的微粒把脉冲传给邻近一种弥漫媒质微粒，每个受激微粒都变成一个球形子波的中心。他从弹性碰撞理论出发，认为这样一群微粒虽然本身并不前进，但能同时传播向四面八方行进的脉冲，因而光束彼此交合而不相互影响，并在此基础上用作图法解释了光的反射、折射等现象。

除此之外惠更斯在巴黎工作期间也曾致力于光学的研究。1678 年，他在法国科

▼ 正是无数科学家的默默研究，推动着人类对于自然的认识不断深入。

▲ 光在水面的反射。

学院的一次演讲中公开反对了牛顿的光的微粒说。他说如果光是微粒性的，那么光在交叉时就会因发生碰撞而改变方向。可当时人们并没有发现这一现象，而且利用微粒说解释折射现象，将得到与实际相矛盾的结果。因此，惠更斯在 1690 年出版的《光论》一书中正式提出了光的波动说，建立了著名的惠更斯原理。在此原理基础上，他推导出了光的反射和折射定律，圆满地解释了光速在光密介质中减小的原因，同时还解释了光进入冰洲石所产生的双折射现象，认为这是由于冰洲石分子微粒为椭圆形所致。

电磁学——法拉第

1791 年 9 月迈克尔·法拉第出生萨里郡纽因顿一个贫苦铁匠家庭。因为家庭贫困，法拉第在 13 岁时便在一家书店里当学徒。这让他有机会读到很多科学书籍，并且在不经意间培养了他对科学的兴趣。

因为他爱好科学研究，所以一次偶然受到了英国化学家戴维的赏识，1813 年由

▲ 发电机的发明，为人类生产生活提供了巨大的帮助。

戴维举荐到皇家研究所任实验室助手，从此他踏上了献身科学研究的道路。同年戴维到欧洲进行科学考察，法拉第作为他的助手随同前往。期间结识了安培以及盖·吕萨克等著名学者。

1815 年回到皇家研究所后，法拉第在戴维指导下进行化学研究。1824 年当选皇家学会会员，1825 年 2 月任皇家研究所实验室主任，1833—1862 年任皇家研究所化学教授。1846 年荣获伦福德奖章和皇家勋章。1867 年 8 月 25 日逝世。

在法拉第的一生中，他所取得的成就足以让人类为之永久铭记。

1821 年法拉第完成了第一项重大的电发明。在研究了奥斯特等科学家的电学研究成果之后。法拉第受到启发，并成功地发明了一种简单的装置。在装置内，只要有电流通过线路，线路就会绕着一块磁铁不停地转动。实际上这就是发电机的雏形，是第一台使用电流将物体运动的装置。

作为电磁学大师，法拉第第一个把磁力线和电力线的重要概念引入物理学，通过强调不是磁铁本身而是它们之间的"场"，为当代物理学中的许多进展开拓了道路。

此外法拉第还发现如果有偏振光通过磁场时，它的偏振作用就会发生变化。这一发现表明了光与磁之间存在某种关系。

经过近 10 年的不断实验研究，1831 年法拉第发现，一个通电线圈的磁力虽然不能在另一个线圈中引起电流，但是当通电线圈的电流刚接通或中断的时候，另一个线圈中的电流计指针有微小偏转。经过反复实验，法拉第证实当磁作用力发生变化时，另一个线圈中就有电流产生。在反复实验验证后，法拉第终于揭开了电磁感应定律。

1831 年 10 月法拉第发明了圆盘发电机，虽然结构简单，但它却是人类创造出的第一个发电机，对现代发电机的出现奠定了现实基础。

相对论——爱因斯坦

阿尔伯特·爱因斯坦，世界十大杰出物理学家之一，现代物理学的开创者、集大成者和奠基人。同时也是一位著名的思想家和哲学家。爱因斯坦 1900 年毕业于苏黎世联邦理工学院，入瑞士国籍。1905 年获苏黎世大学哲学博士学位。曾在伯尔尼专利局任职，在苏黎世工业大学、布拉格德意志担任大学教授。1913 年返回德国，任柏林威廉皇帝物理研究所所长和柏林洪堡大学教授，并当选为普鲁士科学院院士。1933 年爱因斯坦在英国期间，被格拉斯哥大学授予荣誉法学博士学位。因受纳粹政

▼ 水星是人类较早研究的行星之一。

权迫害，迁居美国，任普林斯顿高级研究所教授。从事理论物理研究，1940年入美国国籍。

爱因斯坦的成就：

1905年3月，发表量子论，提出光量子假说，解决了光电效应问题。4月向苏黎世大学提出论文《分子大小的新测定法》，取得博士学位。5月完成论文《论动体的电动力学》，独立而完整地提出狭义相对性原理，开创物理学的新纪元。

1912年提出"光化当量"定律。

1915年11月，提出广义相对论引力方程的完整形式，并且成功地解释了水星近日点运动。

1916年3月，完成总结性论文《广义相对论的基础》。5月提出宇宙空间有限无界的假说。8月完成《关于辐射的量子理论》，总结量子论的发展，提出受激辐射理论。

1921年，爱因斯坦因光电效应研究而获得诺贝尔物理学奖，他的研究推动了量子力学的发展。

1923年7月发现了康普顿效应，解决了光子概念中长期存在的矛盾。12月，第一次推测量子效应可能来自过度约束的广义相对论场方程；取得最后一个重大发现，从统计涨落的分析中得出一个波和物质缔合的独立的论证。此时，还发现了波色－爱因斯坦凝聚。

天体物理学——哈勃

爱德温·哈勃，1889年11月出生于密苏里州马什菲尔德，美国天文学家，观测宇宙学的开创者。

作为物理学领域最知名的天文学大师，哈勃从小就显示出了他对天文学的兴趣。

1906年6月，高中毕业的哈勃，前往芝加哥大学学习，大学期间，哈勃受到天文学家海尔启发开始对天文学产生更大的兴趣。25岁时哈勃到叶凯士天文台攻读研究生，28岁获博士学位并在该校设于威斯康星州的叶凯士天文台工作。

哈勃对20世纪天文学做出许多贡献，被尊为一代宗师。其中在他所取得的成就中，对人类科学影响最大的，一是确认星系是与银河系相当的恒星系统，开创了星系天文学，建立了大尺度宇宙的新概念；二是发现了星系的红移距离关系，从而促使现

▲ 天文观测，让人类在天空中不断获取新的发现。

代宇宙学的诞生。

1914 年，哈勃在叶凯士天文台开始研究星云的本质，并提出某些星云是银河系的气团。他发现亮的银河星云的视直径同使星云发光的恒星亮度有关。

1923—1924 年，哈勃用威尔逊山天文台的 254 厘米反射望远镜先后拍摄了仙女座大星云和 M33（非正式名称为"旋转体"）的照片，把它们的边缘部分分解成恒星，在分析一批造父变星的亮度以后断定，这些造父变星和它们所在的星云距离我们远达几十万光年，远超过当时银河系的直径尺度，因而一定位于银河系外，即它们确实是银河系外巨大的天体系统——河外星系。

1924 年哈勃正式公布了上述发现。从而揭开了探索大宇宙的新的一页。1926 年，他发表了对河外星系的形态分类法，也就是后来所说的哈勃分类。

20 世纪初，在斯里弗发现谱线红移现象的基础上，哈勃与其助手赫马森合作，对遥远星系的距离与红移进行了大量测量工作，并得出重要的结论：星系看起来都在远离我们而去，且距离越远，远离的速度越快。

1929 年他通过对已测得距离的 20 多个星系的统计分析，更进一步发现星系退行的速率与星系距离的比值是一常数，两者间存在着线性关系。这一关系后来被称为哈勃定律。

哈勃定律的发现有力地推动了现代宇宙学的发展。

第三章

解读物理学原理的提出

　　当人类探索的脚步踏过荒芜与懵懂，开始想着越发科学的领域迈进，不断积累的科学认知在脑海中逐一显现，并且在否定、修正中逐渐形成相对完善的体系，一条条经典原理也从最初的模糊形态始露真容。

　　如果把深奥广博的物理学比作浩渺的夜空，那些物理学原理一定是夜空中闪烁的星光，因为它们，夜空才更加绚烂。

能量守恒定律——"疯医生"迈尔的遗憾

　　探索真知的路途漫长而坎坷，其间渗透着无数科学家的辛酸与汗水。在物理学中，能量守恒定律的发现可谓是人类认识道路上迈出的重要一步，然而这个过程中却埋藏着一个科学痴狂者的遗憾，他是迈尔！虽然他带着遗憾离开了，可是科学相信"守恒"，于是一个个科学家接过了他的旗帜！

　　科学让很多看似不可能实现的事情轻易实现，这或许就是科学神奇的一面。

　　在发现科学的过程中，往往也有很多神奇的一面，能量守恒定律的发现，或许就有你想象不到的"神奇"。一个医生——一个被人认为有些"疯"的医生，他最早发现了物理学能量守恒定律，这能不能叫作奇迹？

迈尔的遗憾

　　在德国汉堡有一个名叫迈尔的医生，这个做事喜欢刨根问底儿的医生，在1840年的一天作为随船医生跟着一支船队来到印度。船队登陆后，很多船员水土不服，病倒了一大片，于是迈尔根据老法子给生病船员放血治疗。在德国，只要在病人静脉血管上扎一针，就会有黑红色的血液流出来，可是这次流出来的血竟然是鲜红色的。这立刻引起了迈尔的好奇：血液呈现红色是因为里面有氧，氧在人体燃烧产生热量，维持人的体温。印度天气炎热，人体维持体温时不需要燃烧以前在德国时所需的那么多氧，所以静脉里的血仍然是鲜红的。

　　可是人体的热量究竟来自哪里呢？重500克左右的心脏不停跳动是无法产生这么多热的，那么就有一种可能，也就是体温是靠血肉维持的，再向下推导，它们又是通过食物而来，食物中不论是蔬菜还是肉类，最初都由植物而来，植物又是依赖太阳的光热而生长的。那么太阳的光热呢？一系列疑问交织在一起，迈尔陷入深深的思考当中，这些问题最终形成一个统一的问题：能量是怎么转化的？

▲ 太阳所发出的光热为地球生命提供了能量源。

从印度回到汉堡，迈尔马上写了一篇《论无机界的力》，而且自己测出热功当量为 365 千克米 / 千卡。拿着这些成就，迈尔计划把论文在《物理年鉴》上发表，却被无情地拒绝了。被迫无奈的迈尔只好到一些不知名的医学杂志上发表他的物理学发现，郁闷的他到处演说，可是一个医生却"宣扬"着自己的物理学发现，这无疑是很容易招来讽刺的。从此"疯子"迈尔成了他广为人知的名字。

社会对他的怀疑，或许有情可原，然而让迈尔深受打击的是他的家人一样以为他疯掉了。在身心疲惫之际，偏偏祸不单行，迈尔的小儿子夭折。终于连续打击击垮了这个对科学痴狂的男人。1849 年迈尔选择跳楼自杀，虽然没有死去，但却摔断了双腿，从此怀着无限遗憾，迈尔变得神志不清了。

焦耳的坚持

迈尔的遭遇带着无限的伤感和落寞，他所发现的"能量守恒"的主张也随着迈尔的惨痛遭遇而悬在空中人未识。无独有偶，和迈尔同期研究能量守恒的还有一个英国人，他就是赫赫有名的焦耳。

焦耳作为道尔顿的学生，一边做科学研究，一边打理着父亲留给他的啤酒厂。1840 年他对通电的金属丝能够使水发热这一现象产生好奇。通过细心测试他发现：通电导体所产生的热量与电流强度的平方，导体的电阻和通电时间成正比。这就是焦耳定律。1841 年 10 月，他的论文在《哲学杂志》发表。在这之后他又发现不管是化学能还是电能所产生的热都相当于一定的功，即 460 千克·米 / 千卡。几年以后他带着自己的实验设备以及报告，前往剑桥参加学术会议。

会议上，迈尔当众做了实验，并宣布实验结论：自然界的力是不能毁灭的，消耗了机械力，总能得到相当的热。

面对这番言论，台下在座的科学家频频摇头，就连法拉第也怀疑说："这不可能。"一个名叫威廉·汤姆逊的数学教授更是对此嗤之以鼻甚至气愤地摔门而出。

面对质疑，焦耳回到家里依旧坚持着自己的实验，一坚持就是 40 年，40 年里他把热功当量精确到了 423.9 千克·米 / 千卡。1847 年，他再一次带着自己重新设计的实验来到英国科学协会的会议现场。

在极力争取得来的短暂时间里，焦耳边当众演示自己的实验，边解释说："机械能是可以定量地转化为热的，反过来 1 千卡的热也可以转化为 423.9 千克米的功……"焦耳的话还没说完，台下已经有人大喊："胡说，热是一种物质，是热素，与功毫无关系。"喊这话的正是当年摔门而出的汤姆逊！面对质疑，焦耳淡定地说："如果热不能做功，那么蒸汽机的活塞为什么会动？能量假若不守恒，永动机为什么至今没有造出来？"

▲ 电能转换成热能，这是电暖气的工作原理。

知识
链接

　　永动机是指违反热力学基本定律的永不停止运动的发动机。其中不消耗能量而能永远对外做功的机器，违反了能量守恒定律，被称为"第一类永动机"。在没有温度差的情况下，从自然界中的海水或空气中不断吸取热量而使之连续地转变为机械能的机器，违反了热力学第二定律，所以被称为"第二类永动机"。

　　科学证实，永动机是不存在的。然而人类对于永动机的研究却从来没有停止。国内外不知有多少民间科学家甚至专家、教授，花费了大量宝贵的时间、金钱坚持不懈地寻找这样一种不存在的事物。他们之中当然也不乏别有用心的骗子，常见的手法是出售或转让他的"永动机图纸"、"永动机技术"等。其实只要具备一些基本的物理学常识，就可以识破这种骗术。

　　汤姆逊一时无言以对，于是他开始做实验、查资料。没想到竟意外发现了迈尔几年前发表的那篇文章，在文章里迈尔的思想与焦耳的完全一致！惊喜和羞愧让他决定去拜访焦耳，为自己两次的不礼貌道歉的同时，也希望一起讨论这个物理学发现。

　　当在啤酒厂找到焦耳，看着焦耳在厂房间改建的实验室里各种自制的仪器，他深深为焦耳的坚韧不拔而感动。汤姆逊拿出迈尔的论文，诚恳地说："焦耳先生，我是专程来向您道歉的。看了这篇论文后，我发现自己的无知以及莽撞。"焦耳看到论文，顿时神色忧伤起来："汤姆逊教授，可惜我们再也不能和迈尔先生讨论问题了。一个饱受质疑的天才，在长期的怀疑和打击下，已经跳楼自杀了，虽然没有结束生命，却不幸地精神失常了。"

　　汤姆逊待在那里，为自己的固执己见与抹杀新的科学见解而忏悔。

　　经历了怀疑与认可，坎坷过后，焦耳终于和汤姆逊一起合力开始了实验。并在1853年共同完成能量守恒和转化定律的精确表述。

　　科学的发现过程总是充满着种种故事，或坎坷曲折，或离奇偶然。能量守恒定律的发现就是一个生动的诠释。在学习这些科学的同时，人类更应该铭记那些为了科学孜孜以求的学者。

牛顿运动定律——给"运动"做的解析

　　生命在运动中呈现着自己的姿态，运动也成为生命永恒的话题。虽然人类伴随着运动而生，可是真正认识运动却经历了无比漫长的岁月，直到牛顿运动定律的提出，才真正意义上给出了最好的解析。

　　运动是一种状态，也是生命存在的一个话题。在人类发展史上，有过无数对于运动规律的探索，或一经提出便被全然否决，或是短暂地成为"科学命题"，然而科学史上真正占有重要地位的关于运动的"剖析"却不得不说牛顿这位科学巨匠的"三定律"。

　　牛顿运动三定律确切地说是：牛顿第一定律，即惯性定律；牛顿第二定律，即加速度定律；牛顿第三定律，也就是作用力与反作用力定律。这三条运动定律的提出，不仅全面解析了运动的形态规律，同时也构成了物理学的基础。

　　就像牛顿那句广为人知的名言："如果说我比别人看得更远些，那是因为我站在了巨人的肩上。"牛顿正是在总结前辈科学家的经验、成果基础上提出了自己的科学主张的。这期间可以说凝聚了无数人的辛勤汗水。

伽利略的努力

　　伽利略或许不是对运动学进行探索与研究的科学家，但是他对于该领域的一些研究理论却成为后来科学界进一步探索的基础。

　　时至今日，伽利略的斜面实验依然是人

◀ 运动究竟是以怎样的规律存在，长期以来一直是人们探寻的话题。

摩擦力是两个表面接触的物体相互运动时互相施加的一种物理力。摩擦力与相互摩擦的物体有关，因此物理学中对摩擦力所做出的描述不一般化，也不像对其他力那么精确。事实上，只有在忽略摩擦力的情况下人们才能引出力学中的基本定律。虽然如此，摩擦力是世界上的一个事实。如果没有摩擦力的，鞋带就不能系紧，钉子也无法固定物体，那些运动的物体也将无法停止。

们津津乐道的一次科学探索。

在实验当中，伽利略将小球放置于两个互相连接的倾斜轨道上，当小球从一个倾斜轨道的某一高度处滑下，在滑至轨道最低点后沿另一倾斜轨道上升，上升到一定高度后静止。在实验过程中伽利略发现如果忽略摩擦力不计，小球上升的高度与释放的高度是始终相等的。由此他推测，在不计摩擦力的情况下，如果是把一个倾斜轨道与一个水平轨道相连接，那么小球永远也不能上升到初始高度，那时小球就将会永远不停地运动下去。

笛卡尔的补充

面对科学界"五花八门"的学说，有人迷茫，有人好奇，当然也有人更愿意去在选择继承的同时，通过研究去证实。笛卡尔就是其中之一，他选择了伽利略的研究成果作为自己研究的基础与方向。

笛卡尔通过长期的实验与研究认为：一个运动着的物体如果不受任何力的作用，那么它不仅运动速度的大小不变，而且运动方向也不会发生变化，这个运动的物体将沿着原来的方向永不停歇地匀速运动下去。

牛顿的完善

即便有无数伟大的科学家对于运动做了大量的研究，并提出了无数的研究结果，但是真正关于运动的解析依旧没有总结性的深入概括，直到牛顿"三大定律"提出，才打破了这种局面。

牛顿总结了伽利略、笛卡尔等人的研究成果，并在自己长期实验研究之后概括出物理学响当当的牛顿第一定律：一切物体在没有受到力作用的时候，一直保持静止状态或匀速直线运动状态。这一定律也被称作惯性定律。

初步取得了阶段性胜利的牛顿，自然不甘心就此止步，一向专注于科学钻研的他，在接下来的时间里继续埋头于实验研究。

功夫不负有心人，在1666年初，牛顿完整地提出了三大运动定律，至此惯性定律、加速度定律、作用力与反作用力定律正式形成。然而牛顿却并没有高调地将三大定律立即公之于众，直到20年后，在哈雷的极力主张下，三大定律才得以面世。

牛顿运动三定律的提出，迅速在物理学界乃至整个科学界产生巨大影响，并为牛顿提出微积分、发现万有引力创造了必要的条件。

▼ 惯性定律的提出，很好地解释了物体受力消失后为什么会再保持一段时间运动才停止的现象。

▲ 火星似乎自古以来就是人们关注的一个焦点。

开普勒定律——源于"火星作祟"

开普勒定律是人类发现的物理学定律中的一个，它的发现过程充满了趣味性，因为这里既有"星子之王"，又有顽皮的火星作祟，除了这些，还有源源不断的王室的支持。

不知是不是造物主的有意安排，在众多数字中，"三"一直有着它神秘的一面，刚从牛顿的运动三定律中走出来，这里却又即将踏进"开普勒三定律"的世界。

人类对于科学的探索，从某种角度来说，更像是一种接力，一种无数科学家之间专注探索的付出。随着他们的脚步迈进，人类对于自然、对于整个世界的发现与认知，也层层深入。

开普勒三定律就是为人们更深入地揭开行星运动神秘面纱的定律。

▲ 每颗行星都有着属于自己的运行轨道。

　　说起开普勒定律，就不能不说"星子之王"与"火星作祟"。

　　热衷于天文学研究的丹麦天文学家第谷被称为"星子之王"，在他的研究中获得了丹麦国王腓特烈二世的青睐，并尽可能的在物质上资助他进行科学研究。近20年的时间里，第谷取得了一系列重要成果，其中包括最著名的通过对彗星观察得出的"彗星比月亮远很多"的结论。

　　1599年，腓特烈二世去世了，然而这除了悲痛以外，并没有让第谷从皇室获得的资助中断，因为他又获得了波西米亚皇帝的帮助。因此，第谷从腓特烈二世生前赐予他的汶岛搬到了布拉格，也正是这次偶然的搬迁，引出了另外一位日后在科学界声名显赫的天体物理学大师，他就是开普勒。

　　移居布拉格的第二年，第谷遇到了开普勒，并成功地邀请他成为自己的助手。

　　两人合作的第二年，第谷去世了，于是开普勒正式接替了他的工作。在第谷留下的20多年研究资料的帮助下，开始了独立的研究。

　　开普勒运用第谷留下的宝贵资料，开始按照正圆形轨道编制新星表。然而火星却总是"不买账"，在正圆形轨道上，火星一不留神就"出轨"，耗时4年数十次模拟计算无一不以失败收尾，这时开普勒意识到，自己长期以来坚持的哥白尼体系所主张的圆周运动以及偏心圆轨道模式与火星的实际运行轨道不符。如果不能大胆地抛开"圆周运动"这一人们深信2000多年的思想，相信即便是再研究1000年也依旧无济于事！

恍然大悟的开普勒在"破旧立新"之后，经过仔细地模拟计算得出了：每一颗行星都沿着各自的椭圆形轨道绕太阳转动，太阳居于椭圆形轨道的一个焦点上。

这一结论也就是开普勒第一定律，也被称之为"轨道定律"。

确定了行星运行轨道为椭圆形之后，开普勒并没有就此止步，他继续研究，然而这一次又是火星横在了他的面前。

像所有前人一样，开普勒研究行星运行时也是习惯把它们按照等速运行来研究，可是这样研究了一年之久，开普勒一无所获。迫于无奈，他再次转变思路，终于皇天不负有心人——他得出了被称为"面积定律"的行星运动第二定律：在椭圆轨道

▼ 速度与轨道的组合，让行星有了生命的姿态。

▲ 行星绕着太阳这个中心，沿着椭圆轨道旋转。

上运行的行星速度不是常数，而是在相等时间内，行星与太阳的连线所扫过的面积相等。

此后的近 10 年时间里，开普勒又得出了行星运动第三定律——调和定律，调和定律认为太阳系内所有行星公转周期的平方，同行星轨道半长轴的立方比是一个常数。

随着开普勒三定律的提出，在科学界迅速产生了广泛的影响。在物理天文学领域更是形同一场新的科学革命。它彻底摧毁了托勒密复杂的本轮宇宙体系，纠正了哥白尼"匀速圆周"思想，同时完善和简化了哥白尼的日心宇宙体系。

行星绕着太阳这个中心，沿着椭圆轨道旋转。

开普勒对天文学最大的贡献在于他试图建立天体动力学，从物理基础上解释太阳系结构的动力学原因。虽然他提出有关太阳发出的磁力驱使行星作轨道运动的观点是错误的。但它对后人寻找出太阳系结构的奥秘具有重大的启发意义，为经典力学的建立、牛顿的万有引力定律的发现，都做出重要的提示。

万有引力定律——苹果"砸"出来的真理

提起科学研究，似乎印象里常常是枯燥烦琐的。然而真实的研究世界里，却常常有些有趣的事情发生，或许很平常，就像苹果落地。但如果落地的苹果砸中了大科学家牛顿的头呢？又会发生什么事情呢？

万有引力定律，苹果"砸"出来的真理。

中国古语常说"有心栽花花不开，无意插柳柳成荫"。有时候刻意去寻求却往往不得其果，而当你无心于此时，或许一次偶然，一个不经意，却能收获无限意料之外的惊喜。

在科学界，这样的意外收获可以说是不胜枚举，在物理学领域，人们耳熟能详的万有引力定律就是得益于一次由苹果引发的偶然事件！

那时候20几岁的牛顿还在剑桥大学读大三，性格内向的他把这段时光看作是人生当中吸取知识养分的绝佳时机，于是，大学对于他来说，安静而忙碌。

天有不测，不久一场黑死病突然间席卷了伦敦，面对灾病流行，市井萧条，大学被迫临时关闭。牛顿不得不像其他人一样返回家乡，在焦灼中等待复学的消息。

向来闲不住的牛顿，除了自己琢磨一些实验以外，就喜欢坐在姐姐家的果园里看书。这一天当他忙完手里的事情，依旧在果园的椅子上看书时，突然一只苹果从树上掉下来，不偏不倚正砸在牛顿的头上。或许换作别人一定会忙着边揉自己的脑袋边抱怨自己倒霉，

▶ 下落的苹果，"砸"中了牛顿，于是引出了万有引力定律的发现。

知识
链接

　　剑桥大学成立于1209年，最早是由一批为躲避殴斗而从牛津大学逃离出来的老师建立的。亨利三世国王在1231年授予剑桥教学垄断权。剑桥大学是世界十大名校之一，88位诺贝尔奖得主出自此校。在2011年的美国新闻与世界报道和高等教育研究机构QS联合发布的USNEWS-QS世界大学排名中位列全球第1位。

　　拜伦、达尔文、凯恩斯以及牛顿、霍金、徐志摩等都是剑桥大学走出的人类骄子。

　　然而牛顿却显得"另类"了。

　　被苹果砸了一下，他却完全没有顾及自己的脑袋，反而蹲下来去看那只砸中自己的苹果。这时他发现，偶尔就会有其他熟透的苹果从树上掉下来，落到地上。这原本很平常的现象，在牛顿眼里却化成了一个挥之不去的疑问：苹果为什么是落在地上，而不是飞上天呢？月球为什么就要绕着地球转，而不是掉在地球上呢？

　　接下来的一整天，牛顿一直被这些问题困惑着，然而想破脑壳也依然没有得出答案。直到第二天，他看见在院子里玩耍的小外甥正摆弄着一个系有橡皮筋的小球。小球在小外甥的手里先是慢慢摆动，随着速度的加快，小球被径直抛出，随后又弹了回来。

　　牛顿立时呆住了，他猛地想到：月球就像这颗小球，在抛力的作用下，小球飞出，之后又在橡皮筋的拉力下弹回来。以此类推，也一定存在两种作用于月球的力，也就是月球运行的推动力和重力的拉力。想到这些，那么苹果落地的现象也就不难解释了，因为苹果有重力。

　　一次偶然，被牛顿牢牢地抓在了手里。原本肇事的苹果却引出了一个震惊世界、并深深地影响了人类科学进程的物理学大发现——万有引力。

　　从苹果落地引发的思考中，牛顿第一次意识到，重力不光是行星和恒星之间的作用力，很有可能是普遍存在于任何事物间的吸引力。

　　那时的牛顿对炼金术深信不疑，并相信物之间存在着相互吸引的关系，为此他断言，相互吸引力不但适用于宇宙天体间，甚至适用于世间万物。

经过仔细推敲研究，牛顿最终把这一发现概括成：任意两个质点通过连心线方向上的力相互吸引。该引力的大小与它们的质量乘积成正比，与它们距离的平方成反比，与两物体的化学本质或物理状态以及中介物质无关。

1687年，牛顿在《自然哲学的数学原理》上发表了他所发现的万有引力定律，至此，这一定律正式被公之于众。

在此之前，人们的传统意识里，适用于地球的自然定律与太空中的定律大相径庭。万有引力定律的提出彻底推翻了这一观点，它重新告诉人们，支配自然和宇宙的法则是很简单的。

虽然牛顿提出了万有引力的概念，可是他却无法解释万有引力的产生，也没能得出万有引力的公式。直到1798年英国物理学大师卡文迪许通过卡文迪许实验才比较准确地计算出引力恒量数值。

作为17世纪自然科学最伟大的发现之一，万有引力定律把天地间万物的运动规律统一起来，并揭示了天体运行规律，这在宇宙认知方面起到了极大的促进作用。

▼ 天体间存在着巨大的引力。

帕斯卡定律——从木酒桶破裂说起

　　若干年前，帕斯卡被一只漏着水的木桶吸引了，为此几天里如痴如醉地守着木桶。让所有人感到费解：一只漏水的木桶，究竟有着怎样的特殊，能让一个科学家如此着迷？在常人看来木桶里流出的是水，那么在帕斯卡眼里又会是什么呢？

　　发现科学，是为了将它作用于生活当中；而科学的发现，往往又来源于生活。往往一件看似平凡普通的小事，却常常暗含着无穷的科学知识。就像伟大的造物主事先隐藏好的，只等待有心人去发现。

　　牛顿因为苹果落地，发现了万有引力，而帕斯卡却通过水桶爆破得出了帕斯卡定律。

　　出生于小贵族家庭的帕斯卡，虽然幼年丧母，但是在父亲的照顾教育下，很小时就显露出了他的聪明才智。

　　在他20几岁的时候，一天家里的仆人勒威耶从院子里提了一桶水进屋，因为木桶使用太久了，桶壁有个地方破旧了，每次装水都会有水从破旧的地方流出来。这种情况已经持续很久了，一直没有人觉得有什么特别。可是在帕斯卡眼里，却显得不同了。

　　帕斯卡叫住勒威耶，然后蹲下来仔细研究起漏着水的木桶。就这样，帕斯卡反复观察，水流光了就让勒威耶重新打满，几天里帕斯卡几乎废寝

◀ 科学知识往往蕴含在身边的事物中，只有用心，才能发现生活里的真知。

**知识
链接**

　　压强是表示压力作用效果的物理量。在国际单位制中，为了纪念法国科学家帕斯卡，而以他的名字命名，简称帕，即牛顿／米 ^{2}。压强的常用单位有帕、千帕、兆帕。帕的英文符号为 Pa。

忘食。这也让勒威耶一头雾水，最后理出头绪的帕斯卡告诉一脸茫然的勒威耶，木桶壁上的破洞距离水面越远，水流出来的速度也就越大，这是因为压强的作用。

　　现在随着对压强认识的深入，人类已经将它应用到了日常生产生活当中。

　　对着一只旧木桶发待几天之后，帕斯卡自己重新设计制作了一个完好的木桶，并且给木桶设计了一个中间带有一个小孔的盖子。

　　一切准备就绪，帕斯卡依旧让勒威耶打来一桶水，将新木桶装满水后，盖好盖子，用一根细长的铁管插到木桶盖的小孔里，之后将所有连接处的缝隙密封使它不漏水。这时木桶毫无异样。

　　接下来，帕斯卡从铁管上面的口向木桶里倒水，使管子里的水位提高很多，这时木桶依旧没什么异样。然而帕斯卡继续向管内倒水，当水位达到一定高度时，木桶嘭地一下破裂了！在勒威耶一脸惊愕的时候，帕斯卡宣布帕斯卡定律诞生，归纳总结为在密闭容器内，施加于静止液体上的压强将以等值同时传到各点。

　　得出了帕斯卡定律，年轻的帕斯卡决定继续研究下去。于是他在这一理论基础上又先后提出了连通器的原理以及后来被广泛应用的水压机的最初设想。

▶ 现在随着对压强认识的深入，人类已经将它应用到了日常生产生活当中。

库仑定律——电学史上第一个定量定律

电对于人类生产生活的重要性不言而喻，在人类早期并不认识电，真正发现、认识到利用电，经过了无比漫长的岁月。在这其中库仑和他提出的库仑定律为人类认识以及应用电起到了巨大的作用。

火的发现与使用，是人类文明进程中一次重要的跨越，而电的发现，无疑又极大地促进了人类科技的进步，成为人类认识自然过程当中不得不浓墨重笔写下的一个篇章。

从人类诞生初期的茹毛饮血到现在的高度文明，走过了无比漫长的岁月，对于电的认识也经历了诸多阶段，从对自然电的懵懂，到库仑定律的提出，这正是人类进步的一个缩影，也是物理学发展的一个标志。

人类对于电的初步认识，最早可以追随到公元前 6 世纪，那时古希腊哲学家泰勒斯已经有了"摩擦琥珀能够吸引轻小物体"的描述。

随着人类生产力的不断提高，人类对于电的认识也逐渐加深。在之后的漫长历史进程中，第一位正式站出来对电进行研究的是英国物理学家吉尔伯特，也正是他首先提出了"电"的概念。100 多年以后的 1733 年，法国物理学家杜菲研究发现了"琥珀电"和"玻璃电"。并提出"同种电荷相排斥，异

▲ 著名的费城风筝实验，使人类对电的认识又迈出了一大步。

　　带正负电的基本粒子，称为电荷，带正电的粒子叫正电荷，表示符号为"+"；带负电的粒子叫负电荷，表示符号为"-"。同时电荷也是某些基本粒子的属性，它使基本粒子互相吸引或排斥。

种电荷相吸引"，这为以后人类对于电的研究提供了巨大的认识基础。

　　然而电究竟是怎样的一种形态，它又存在着怎样的特性与规律？在接下来人类对于科学的探索中，有无数科学家为之展开了大量的研究与实验。

　　美国最杰出的科学家之一，富兰克林通过著名的费城风筝实验，证明了电荷的存在，同时提出"电荷不能创生，也不能消灭"的认知结论。

　　直到这时，人类对于电的认识，依旧停留在一个初始的阶段，人类研究的方向也是松散的。这一状态一直持续到库仑的出现，才得以宣告终结，并由此开启了人类对电认识的新的进程。

▼ 库仑定律的提出，为人类对电的实际应用起到了巨大的作用。

作为法国最杰出的物理学家之一，库仑在 1785 年通过扭秤实验测出"两个带有同种类型电荷的小球之间的排斥力与这两球中心之间的距离平方成反比。"这也确定了两电荷之间作用力与距离的关系。

虽然扭秤实验获得了一定的成功，但是对不同电荷之间引力的测量，扭秤实验却始终无法实现。经过反复思考，库仑决定设计一种电摆实验来继续自己的研究。

电摆实验在库仑的精心设计下得以顺利开展，通过电摆实验，库仑提出"异性电流体与同性电流体之间的作用力一样，都和距离的平方成反比。"

在两次实验取得成功之后，库仑觉得并不是最完美的，于是他开始对实验误差进行修正总结。进而最终确定：同性电荷相互排斥，异性电荷相互吸引；电力与电荷之间的距离的平方成反比，与两个电荷量的乘积成正比。这一结论也就是著名的"库仑定律"，同时也被习惯性叫作"平方反比定律"。

作为电学发展史上第一条定量定律，库仑定律的提出不仅详细地阐明了带电物体间的作用规律，同时更为整体电学奠定了基础，并成为物理学最基本的定律之一。库仑定律提出之后，无数科学家不断地为之进行实验验证，200 多年以来，电力平方反比律的精度提高了十几个数量级，所以库仑定律也当之无愧地成为物理学当中最为精准的实验定律之一。随着库仑定律的提出，电学发展也迎来了一个全新的时期。为了纪念库仑对于人类科学，特别是电学所做出的贡献，他的名字被也被用作电量的单位。

▲ 从洗澡中获得启示的阿基米德，不仅顺利完成了国王交办的任务，更重要的是发现了浮力原理。

阿基米德原理——国王命令下的意外产物

　　古时候，因为经济的相对落后，科学活动往往需要王室的支持才能正常进行。于是科学家往往和王室有着千丝万缕的联系，阿基米德就是其中之一，因为这些关系，阿基米德常常接到国王一些"奇怪的命令"，著名的阿基米德原理就是源于一次"国王命令"。

　　人类社会的早起，王室是社会的统治阶层，人类活动很多的要受王室的支配和管理。所以那时候很多人类对于自然科学的探索与认识都源于王室，或者至少可以说和王室有关。这种关联，有必然，也有偶然。

在物理学上，阿基米德原理就是和王室存在着偶然联系的一个例子。因为阿基米德原理从某种意义上说，正是国王命令下的"意外产物"。

公元前 245 年，为了迎接无比盛大的月亮节的到来，国王赫农王命令金匠为其制作一顶华贵的纯金王冠，并从国库中取出一块金子交给他。

金匠在规定的日期将打造好的纯金王冠交给国王，然而虽然王冠与当初的那块纯金重量几乎相等，但是国王却怀疑金匠在王冠里掺了假。为此国王招来阿基米德，命令他在不损坏王冠的前提下，鉴定王冠的成色。

面对突如其来的难题，阿基米德百思不得其解，究竟怎样既不破坏王冠，又能完成给完成国王的命令呢？

为此阿基米德日思夜想，甚至在洗澡的时候仍然不停地琢磨着。一直得不出答案的他，在浴池里显得非常烦躁，突然他注意到，随着自己在浴池中站起，浴池的水位就会相应下降，当自己躺回浴池，池里的水位就会马上升高。同时他明显感觉到，自己站起时，会觉得自己身体发沉，而躺到水里时，就觉得全身变轻。

聪明的阿基米德猜想，一定是水对身体产生浮力才让自己有时而轻、时而重的不同感觉的。

忽然，阿基米德茅塞顿开，他兴奋地跑回家里，拿来石块和木块放进盛着水的盆子里进行实验，并且得出结论：浮力与物体的体积有关，而和重量无关。物体在水中感觉有多重与水的密度有关。

至此，阿基米德终于找到了解决国王问题的办法，那就是测量王冠的密度。于

知识链接

漂浮于流体（液体或气体）表面或浸没于流体之中的物体，受到各方向流体静压力的向上合力。其大小等于被物体排开流体的重力。在液体内，不同深度处的压强不同。物体上、下面浸没在液体中的深度不同，物体下部受到液体向上的压强较大，压力也较大，可以证明，浮力等于物体所受液体向上、向下的压力之差。

是阿基米德当着国王与金匠的面，将王冠与重量相等的纯金分别放进装有等量的水里，结果王冠所排出的水量比金子所排出的水量大。由此证明王冠并非纯金，而是经过掺假的。

面对结论，金匠承认了掺假事实。当国王和大臣们为成功地识破金匠企图私吞金块的阴谋时，伟大的阿基米德却依旧在思考着整个实验的经过，他认为相比于国王的纯金王冠，浮力原理的发现对自己甚至对整个人类更加重要。

浮力原理也被叫作阿基米德原理、阿基米德定律。它认为：浸在静止液体中的物体所受液体合力的大小与该物体排开的液体重力相等，这里所说的合力也就是浮力。

随着阿基米德原理的提出，人们对于浮力有了全新的认识，并在这之后，阿基米德原理被广泛应用到生活当中。直到现在，盐水选种、密度计以及轮船制造等，依然处处使用着这一原理。

▼ 救生圈就是浮力原理的应用。

▲ 实验用的黄铜气缸。

玻意耳定律——人类历史上第一个被发现的定律

17世纪在欧洲科学界形成了一股空气研究热潮，众多的科学家纷纷加入到研究空气特征的行列里，然而在这其中真正被历史所铭记的却似乎非玻意耳和他所提出的玻意耳定律莫属。

人类对"第一"有着特殊的感情，似乎从人类诞生以来，第一就作为人类追求的目标。也因为如此，凡是第一的事物，总是能够给人留下深刻的印象。

在物理学史上，和第一有关的话题不胜枚举，然而有一条定律却显得有些与众不同，因为可以说所有的定律都是被发现的，可是它却单单被称为"人类历史上第

知识
链接

　　一种有毒的银白色一价和二价重金属元素，元素符号是"Hg"，俗称"水银"。它是常温下唯一的液体金属，游离存在于自然界并存在于辰砂、甘汞及其他几种矿中。常常用焙烧辰砂和冷凝汞蒸气的方法制取汞，它主要用于科学仪器比如电学仪器、温度计、气压计以及汞锅炉、汞泵、汞气灯等。

一个被发现的定律"。它就是玻意耳定律。

　　17世纪的欧洲，科学界对空气特征产生了浓厚的研究兴趣，先是1662年英国物理学家罗伯特·胡克在科学协会会议上发表了一篇有关"空气弹性"实验的论文，继而又有法国科学家制作了一个中间装有活塞的黄铜气缸。实验时用力按下活塞，把气缸里的空气进行压缩，之后松开活塞，按照设想，活塞应该全部弹回，然而不论怎样反复实验，活塞每次都只弹回一部分。

　　这样之后，法国科学界开始宣称空气不存在弹性，只是经过压缩之后，空气会保持一定的压缩状态。

　　面对法国科学界的结论，英国化学家玻意耳不以为然，他觉得这并不能说明任何问题。并且针对实验，玻意耳指出活塞不能完全弹回的原因是他们使用的活塞太紧。可是当他这番言论提出后，立刻招致反击，认为如果活塞太松，四周漏气，实验将无法进行。

　　为了证实自己的言论，同时找出科学真理，玻意耳决定自己制作一个松紧适合的活塞。

　　一阵研究之后，玻意耳召集了一些学者，公开演示自己的实验。他将水银倒进一根两端粗细不均的"U"形玻璃管中，玻璃管细长的一端开口，短粗的一端密封。注入的水银将玻璃管底部盖住，两边稍微上升，在密封的短粗管中，水银堵住一股空气。对此玻意耳给出的解释是活塞是所有压缩空气的庄子，水银可以充当活塞的作用。这样的"活塞"不会因为摩擦而影响实验结果。

　　在实验中，玻意耳记录下水银的重量，并在玻璃管空气与水银的交界处做出标记。

之后他开始向细长管一端注入水银，直到注满。这时水银在短粗一端上升到一半的高度，在水银的挤压下，堵住空气的体积变成原来体积的一半还不到。这时玻意耳在玻璃管上标记处第二条标记线。显示里面水银的新高度以及被堵住的空气的压缩体积。

在这之后，玻意耳通过玻璃管底部的阀门将水银排出，直到玻璃活塞、水银与实验开始时的重量完全一致。水银柱重新回到实验开始时的高度，被堵住的空气也恢复最初的位置。由此证实了玻意耳的主张，驳斥了法国科学界的实验结论。

取得了阶段性成就的玻意耳没有就此终止，而是继续开展自己的活塞实验，当他向受封闭的空气施加双倍压力时，空气体积减半；将压力增加到 3 倍时，体积减小到原来的 1/3。根据这一现象，玻意耳归纳总结出了被以他名字命名的"玻意耳定律"：当受到挤压时，空气体积的变化与压强的变化总是成比例。

玻意耳定律的提出，为气体的量化研究和化学分析奠定了基础，同时作为描述气体运动的第一条定律，玻意耳定律被科学界公认为是人类历史上第一条被发现的定律。

▼ 利用注射器，就能感受到当时实验的情景，并且感受到空气的"弹性"。

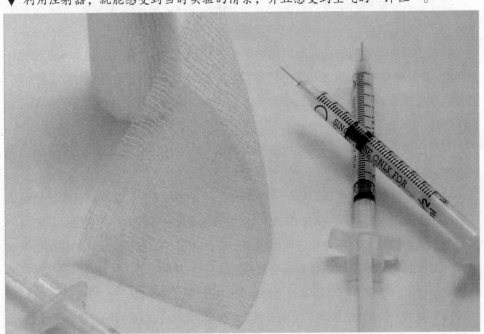

法拉第电磁感应定律——原想证明 "转磁为电"

科学界因为"阴差阳错"而意外发现的定律可以说不胜枚举，物理学中法拉第电磁感应定律的发现就是一个鲜活的例子，因为它的初衷是为了证明"把磁转化成电"。

就像沿着研制感冒药物的目的，而结果意外发明了可口可乐配方一样，在人类对于自然科学的探索过程中，因为阴差阳错而收获意外成就的例子屡见不鲜。

物理学上，人们所熟知的法拉第电磁感应定律就是这样的无心收获。因为在发现这一定律之前，伟大的物理学家法拉第是抱着另一种目的而开始的探索与实验，那就是探寻磁能否产生电。

1820年丹麦物理学家奥斯特在担任电学和磁学讲师的同时，也进行着电与磁的相关研究。一次当他的演讲行将结束之前，奥斯特不经意间又做了一次实验，他把一根纤细的铂导线放在玻璃罩下的小磁针上方，当电源接通的瞬间，奥斯特被眼前的情景惊呆了，或者说是瞬间收获了一个大的惊喜。因为他发现磁针跳动了。正是基于这一发现，在接下来的反复实验中，奥斯特提出了电流磁效应。

随着电流磁效应的发现以及提出，越来越多的物理学家开始把注意力放在这一领域，并且试图寻找到它的逆效应，也就是磁能否产生电，并对电产生作用。在这些物理学大师的行列里，也包括法拉第。

在法拉第之前最具代表性的两个人就是阿喇戈和洪堡。

1822年阿喇戈和洪堡偶然发现金属对附近磁针的振荡有一定的阻尼作用。根据这一现象，两年后阿

▶ 电磁学大师法拉第。

▲ 在做电磁学演讲与实验的法拉第。

喇戈做了一个铜盘实验，并发现转动的铜盘会带动上方自由悬挂的磁针旋转，但磁针的旋转与铜盘不同步。由此证实了电磁阻尼和电磁驱动现象的存在，但由于没有直接表现为感应电流，所以这次实验并不深入。

1831 年法拉第在软铁环两侧分别绕两个线圈，一个是闭合回路，在导线下端附近平行放置一根磁针；另一个与电池组相连，同时连接开关，形成有电源的闭合回路。实验过程中，闭合开关，磁针偏转；切断开关，磁针反向偏转。这说明在没有电池组的线圈中出现了感应电流。

法拉第意识到，这是一种不恒定的暂态效应。于是在接下来的时间里，法拉第继续开展实验，并把产生感应电流的情形概括归纳成 5 类，分别是变化的电流、变化的磁场、运动的恒定电流、运动的磁铁、在磁场中运动的导体。在这之后，法拉第正式把这些现象叫作电磁感应。

法拉第反复实验研究发现，在相同条件下不同金属导体回路中产生的感应电流与导体的导电能力成正比。他由此得出，感应电流是由感应电动势产生的，即便没有回路，没有感应电流，感应电动势依然存在。

法拉第的实验表明，不论用什么方法，只要穿过闭合电路的磁通量发生变化，闭合电路中就有电流产生。这种现象被称为电磁感应现象，所产生的电流叫作感应电流。

法拉第根据大量实验数据总结出：电路中感应电动势的大小，跟穿过这一电路的磁通变化率成正比。

这一定律就是著名的法拉第电磁感应定律。

法拉第电磁感应定律的提出，是人类对于电磁学认识的进一步加深，在物理学乃至人类文明进程中有着无比重要的作用。一方面，根据电磁感应原理，人们发明了发电机，这使得电能广泛应用以及远距离输出成为可能；另一方面，电磁感应现象在电工技术、电子技术以及电磁测量等方面都有广泛的应用。可以说使它促进了人类社会向电气化时代的大步迈进。

麦克斯韦方程组——从此电场磁场一家亲

很长一段时期内，科学界对于电磁场的认识是分开的，也就是电场与磁场毫不相干，孤立存在。直到麦克斯韦方程组的提出，才正式实现了电磁场概念的统一。

自然科学在人类认识之前，往往以一种看似独立的形态呈现，然而他们之间却往往是一个紧密联系的整体。在物理学当中，这种情况更加明显，随着人类认知的逐渐深入，越来越多的原本孤立的概念开始"成家立业"，就像电场和磁场一样。

电场和磁场原本被看作两个互相独立的概念，真正使它们成为"一家亲"的应该是麦克斯韦方程组。

人类对于电磁学的研究与其他科学是一样的由浅入深的过程，我们回顾电磁学发展历史，当获知静电和磁遵守平方反比定律以后的一段时间里，科学界都按照这一认知进行着各自的推导与实验，然而在19世纪的前40年里，却出现了一种反对这种观点的声音，转而认同"力的相关"。之后1820年随着奥斯特电磁现象的发现，这种反对的观点获得了第一个证明。但是尽管如此，他们还是存在着一定的困惑。

奥斯特所观察到的电流以及磁体间的作用有两个不同于已知现象的基本点：它是由运动着的电产生的，这时的磁体既不被带电导线吸引，也不被排斥。对于这一发现，同一年法国科学家安培进行了总结，并在此基础上进一步创造了电动力学。在这之后，安培以及其他认同这一观点的学者们展开了大量的研究工作，希望使电磁的作用与有关瞬时超距作用（超距作用是指物理学历史上出现的一种观点，它认为相隔一定距离的两个物体之间存在直接的、瞬时的相互作用，不需要任何媒质传递，也不需要任何传递时间。）的观点统一起来。

这一时期，有关电和磁的研究呈现出一种空前的兴盛。

1854年，英国物理学家麦克斯韦开始了他的电学研究。虽然那时他刚刚从剑桥毕业，但是在读完法拉第的《电学实验研究》之后，深受吸引，这也促使他对电学

知识
链接

　　静电是一种处于静止状态的电荷。在干燥和多风的秋天，在日常生活中，人们常常会发现晚上脱衣服时，黑暗中常听到噼啪的声响，而且伴有蓝光，见面握手时，手指刚一接触到对方，会突然感到指尖针刺般刺痛；早上起来梳头时，头发会经常"飘"起来，等等，这就是发生在人体的静电。

研究的热情一发而不可收。

　　然而当时科学界对于法拉第的观点存在着不同的看法，因为当时超距作用早已深入人心，同时法拉第的理论主张因为其自身数学知识的不足而显得缺乏严谨性，也就是说法拉第的主张都是通过直观表达的。但是在当时多数物理学家都信奉牛顿的物理学主张，所以对法拉第的见解表示不接受。甚至在天文学领域，以为天文学家公开喊话："谁要在确定的超距作用和模糊不清的力线观念中有所迟疑，那就是对牛顿的亵渎！"

　　然而麦克斯韦却没有被这些阻碍吓退，他始终坚信在法拉第的理论中暗藏着一直不被人们认知的科学真理。

　　在经过长期不懈

▲ 为纪念安培而发行的纪念币。

的研究下，1862 年，麦克斯韦《论物理的力线》论文完成，成功模拟了法拉第力线学说中的应力分布，同时得出了同已知的关于磁体、抗磁体以及稳恒电流之间力的理论完全相符的公式。

1863 年，麦克斯韦发表《论电学量的基本关系》一文，在论文里他宣布了同质量、长度、时间度有关的电学量和磁学量的定义，这为二元电学单位制提供了第一次最完整详细的说明。

1865 年麦克斯韦完成了《电磁场的动力学理论》发表，在这一篇论文里他完善了自己的方程式，至此电磁波的存在被最终证实，同时最初法拉第关于光与电磁论的猜想也正是成为物理学真理。

随着几篇论文的发表，麦克斯韦方程组也最终形成。麦克斯韦方程不仅是电磁学的基本定律，也正是因为这一方程组的提出，才将电场磁场概念整合成电磁场概念，同时也将光学和电磁学统一起来。这被称为 19 世纪人类科学史上最伟大的综合之一。

▼ 早期，研究磁与电的实验设备。

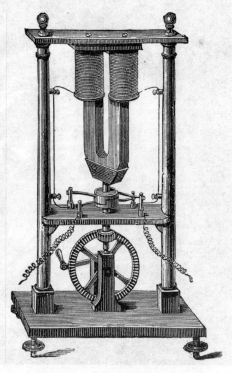

欧姆定律——历尽波折却被别人证明的定律

科学界，能够自己提出一番理论并自己成功求证，或许是每个科学家的期许。然而总有一些时候事与愿违，因为自己的新学说挑战了原有学说，在经历了众多怀疑后只能无奈地沉默，直到最终再次被其他人证实。

欧姆定律就是这样一条经别人证实才得以获得认可的物理学真理。

人类探寻科学的道路是充满曲折的，往往随着认识的加深，坎坷也会越来越多。这里不仅包括自然科学本身的"神秘难测"，同时也包括人类自身对于新事物的抵制。所以说，科学的获得是无比珍贵的，因为它凝聚了无数学者的汗水与辛酸。

在物理学中，欧姆是一位伟大的先行者，因为发现了欧姆定律而被世人熟知。然而欧姆定律从提出到获得认可的过程却是几经波折。

欧姆生活的时期，正是电学取得迅速发展的时期，这无疑刺激了对科学有着狂热追求的欧姆，他决心去做一件事，那就是通过实验找到伏打电池电路中电流随着电池数目增加而增强的奥秘。

做实验需要实验设备，然而当时还没有能够测量电流强弱的实验仪器，所以欧姆的实验一直无法成功开展。直到1821年施魏格尔和波根多夫一起发明了一种电流针，再次让欧姆看到希望，于是向来好学的欧姆一边向工人学习多种加工技艺，一边尝试着自己动手制作必要的电学仪器。

于是经过一段时间的埋头研究之后，一个应用电流磁效应、能够测量电流强弱的电流扭秤正式诞生了。

欧姆将一个磁针挂在一根扭丝上，并让磁

▶ 德国著名的物理学家欧姆，一生为物理学做出了巨大的贡献，为了纪念他，人们将电阻单位用他的名字来命名。

公元 1799 年，科学家伏特用含食盐水的湿抹布，夹在银和锌的圆形板中间，堆积成圆柱状，制造出最早的电池—伏打电池。现在意义上，人们把通过不同的金属片插入电解质水溶液制成的电池，通称为伏打电池。

伏打电池的发明，使得电的取得变成非常方便，现在电气所带来的文明，伏打电池是一个重要的起步，它带动了后来电气相关研究的蓬勃发展，之后电动机和发电机研发成功也要归功于它，而发电机之后电气文明的开始，导致第二次产业革命改变人类社会的结构。

针与通电的导线平行放置，当电流通过导线时，磁针就会向一定的角度偏转，由此也就可以判断导线中通过的电流的强弱了。之后欧姆把一颗电流针连接在自己的电路中，并创造性地在放磁针的盘面上标记出刻度，这样就能方便地记录出实验数据了。

本以为万事俱备，能够顺利开展自己的实验了，然而欧姆几次实验下来，却发现所得出的实验公式以及通过公式计算出的结果是错误的。而且更为严重的是，欧姆实验初期就已经兴奋地把开始几次实验结果写成论文发表出去了，现在就连自己都轻易地推翻了自己的结论，更何况其他抱着审视态度的科学家呢？

事实证明，欧姆为他的轻率付出了巨大的代价，众多科学家纷纷对他加以指责，并认定欧姆是科学界的骗子、假充内行。

很快欧姆从失败中走出来，他决心找出真正的规律！而这时一位叫波根多夫的科学家被欧姆的执着打动，并写信鼓励欧姆继续实验，同时建议欧姆将伏打电池换为更加稳定的塞贝克温差电池。

欧姆从信中受到极大鼓舞，于是他接受了波根多夫的建议，开始利用温差电池取代伏打电池。实验中他把一个接头浸在水温保持 100℃的沸水中，另一个接头则放在温度保持在 0℃的凉水里，这样就确定了电源能够供应稳定的电压。

有了稳定的电源，欧姆在总结以前实验教训之后，开始了反复的实验研究，终于在 1827 年成功得出了新的关系式：$X=al（b+x）$，其中 X 表示电流强度，a 表示电动势，$b+x$ 表示电阻，b 是电源内部的电阻，x 为外部电路的电阻。

现在电子设备中的电阻。

这个关系式也就是欧姆定律的公式表达，至此，欧姆成功地实现了自己最初的设想，并弥补了当初错误实验留下的遗憾。本以为欧姆定律能够挽回自己上次草率发表论文时所造成的"不良影响"，然而科学界依旧没有接纳他的发现，大多数科学家依旧不承认欧姆定律。这让欧姆十分沮丧。

然而可喜的是，真理始终是真理，不会因为怀疑而被埋没。1831 年另外一位名叫波利特的科学家公开发表了一篇论文，论文里得出的结果与欧姆的实验结果是一致的。至此人们才重新开始审视欧姆定律。欧姆定律也在别人的证明下最终获得承认。

可以说欧姆定律的诞生经历了无数的反复，获得认可又是一波三折。但这正是人类获取新认识的一个缩影。

▼ 现在电子设备中的电阻。

焦耳定律——一度不被认可的言论

科学的认识过程中，往往会出现一种新科学取代旧科学的形态。于是在这种新旧交替的过程中常常存在着怀疑与否定。物理学基本理论——焦耳定律就是这样经历了诸多怀疑后才逐渐获得认可的定律。

人类对于电的探索一直保持着高度的热情，于是一个个有关电的定律被发现出来，这又极大地促进了人类对电的应用。然而就像欧姆定律的诞生过程一样，很多定律的发现过程往往是一个被否定，然后再重新认识的过程。

焦耳定律就是在这样的过程里慢慢由一个备受怀疑的"伪命题"变成在物理学甚至整个科学体系中占据重要地位的真理。

1840 年，22 岁的焦耳通过将环形线圈通电后放入装水的试管中，进而测量不同电流强度、不同电阻下水温的变化。同年年底，焦耳在英国皇家学会上发表了他电流生热的论文，正式提出电流通过导体能够产生热量的定律。巧合的是在此后不久，俄国物理学家楞次也独立发现并提出了同样的定律，所以这一定律也被后来的科学界叫作焦耳－楞次定律。

3 年后焦耳重新设计了一个实验，他把小线圈缠绕在铁芯上，同时使用电流计测量感生电流，之后再将线圈放入盛着水的容器里，记录下水温以便计算热量。这个实验是在电路完全封闭的状态下进行的，所以水温的升高在没有外部电源作用下只能是由机械能转变成电能，进而由电能转化成热能。因为这一过程没有热质的转移，所以这个实验完全推翻了热质说。

1843 年，焦耳设计了一个新实验。将一个小线圈绕在铁芯上，用电流计测量感生电流，把线圈放在装水的容器中，测量水温以计算热量。这个电路是完全封闭的，没有外界电源供电，水温的升高只是机械能

◀ 英国物理学家焦耳。

在古希腊的学者德谟克里特和伊壁鸠鲁以及古罗马的卢克莱修的著作中出现了"热是物质的"这种说法："热把空气一起带来，没有热也就没有空气，空气和热混合在一起。"

到了近代，热质说获得了伽桑狄的支持，直到18世纪，热质说在物理学界还一直占据着统治地位。拉瓦锡和拉普拉斯等人认为，热是由渗透到物体当中的所谓"热质"构成的；其中拉瓦锡甚至把"热质"列入化学元素表中，热质被看作是一种不可称量的"无重流体"，它的粒子彼此排斥而为普通物体的粒子所吸引。

转化为电能、电能又转化为热的结果，整个过程不存在热质的转移。这一实验结果完全否定了热质说。这一年8月，焦耳在一次学术会议上做了有关这次实验的报告，并公开了自己测得的1千卡热量相当于460千克力·米的功，可是报告结束时，焦耳并没有得到意想中的回应与支持。

这次失败的报告让焦耳重新冷静下来，他知道自己应该继续实验，并且计算出更加精准的数据。

在之后的一年里，焦耳仔细观察了空气在不同状态下的温度变化，并且取得了很多成就。通过对气体分子运动速度与温度之间关系的研究，焦耳测算出了气体分子的热运动速度值，这在理论上为玻意耳－马略特和盖－吕萨克定律的形成提供了基础，同时也合理地解释了气体对器壁压力的实质。

1847年，焦耳开始了被认为迄今为止设计最巧妙的实验：实验过程中他在量热器当中装满了水，量热器中间装有带叶片的转轴，之后通过下降物体促使叶片旋转，因为叶片转动时与水产生摩擦，所以水温变热的同时，量热器也随之温度升高。由此可以根据物体下落的高度测算出能够转化的机械功的数值；同时根据量热器内水温的变化，计算水内能的升高值。在两个数值得出之后，把它们进行比较就能得出热功当量的准确数值了。

在这之后，焦耳尝试通过鲸油代替水来完成这项实验，并成功测得热当量的均值为 423.9 千克力·米 / 千卡。鲸油实验的成功，让焦耳更加满怀信心，于是在接下来的时间里，先后尝试其他不同方法进行实验 400 多次。

然而当 1847 年在英国科学学会的会议上，焦耳第二次公布自己的实验成果时，再次遭到人们的怀疑，因为他们深信各种形式的能之间是不能够转化的。

接下来的日子里，焦耳就这样默默地开展着自己对于科学的执着探索，直到 1850 年，先后又有其他科学家通过不同的实验证实了能量能够转化，焦耳的实验结果才开始被人们接受。焦耳定律也才正式在物理学上获得了一个固定的位置。

▼ 电能产生热，这在现代社会早已是一个常识。电产生热也在生活中得到普遍运用，比如电熨斗熨烫衣服等。

▲ 折射是人类对光的进一步认识，后来很多光学应用都是从这些认识中获得的启示。

光的折射定律——数位大师的接力之作

　　科学的获得，往往是一个不断继承与修正的过程。光的折射定律的发现正是在多位物理学大师的不断实验研究中逐渐诞生的。

　　人类文明进程中，可贵之处无疑在于传承，正是因为不断地延续，所以人类文明才能在漫长的繁衍中生生不息。同样，在人类探索科学的道路上，正是这种承接，才使得人类不断收获真知。

　　在物理学上，最能体现这一关系的可能要数光的折射定律的研究，这一理论的形成正是数位物理学大师先后继承发展与完善的结果。

早在公元 2 世纪古希腊天文学家托勒密就开始了对光的折射进行研究，在实验当中托勒密在一个圆盘上安装两把能够绕圆盘中心旋转的、中间能够活动的尺子，并将圆盘放在水里，使之与水面保持垂直，水面到达圆盘中心。之后转动尺子，使它们分别与入射光线、折射光线重合，接着取出圆盘，根据尺子位置测量出入射角与折射角。

经过实验，托勒密总结后提出：折射角和入射角是成正比关系。然而关于这一结论的正确与否，却存在着争议，后来德国物理学家开普勒在反复研究了前人光学知识的基础上，大胆地反驳了托勒密的结论，同时开始自己设计实验希望发现折射定律，虽然实验没能获得成功，但是他在理论探索中却得出了他所认为的折射定律：折射角由两部分组成，一部分正比于入射角，另一部分正比于入射角的正割；只有在入射角小于 30° 时，入射角和折射角成正比的关系才成立。

虽然开普勒得出的"折射定律"比托勒密进步了许多，但距离真理还有很大的差距。

1620 年前后，荷兰数学家斯涅耳在总结了前人经验的基础上，通过实验成功地实现了开普勒最初的实验目的，提出了光的折射定律：不同的介质中，入射角和折射角的余割之比总是保持相同的值。

至此折射定律被提出，同时因为斯涅耳的巨大贡献，折射定律也被叫作斯涅耳定律。然而这时的折射定律并不是最终的表述形式。这或许在某种意义上来说，再一次给后来人提供了完善的可能。后来法国科学家笛卡尔通过媒质中球的运动作类比，第一次给出了折射定律的现代表述形式。

知识链接

古希腊（公元前 800—前 146）是西方历史的开源，位于欧洲南部，地中海的东北部，包括今巴尔干半岛南部、小亚细亚半岛西岸和爱琴海中的许多小岛。公元前 6 世纪前后，经济高度繁荣，产生了光辉灿烂的古希腊文化，对后世有深远的影响。

▲ 虽然被誉为"法国数学家之王"，但是费马在物理学上所取得的成就同样让人类为之驻足。

对于科学的探索，每个人都有自己的方式和主张，有"法国业余数学家"之称的费马撇开实验，从理论的角度出发进行推导：光线在两点之间的实际路径是使所需的传播时间为极值的路径。通常情况下，这个极值是最小值，但有时也是最大值，有时为恒定值。由此得出光学中的费马原理，并由费马原理能够进一步证明光的折射定律，甚至证明光传播的几何路程与介质折射率乘积为极值。

根据前人对于折射定律的研究基础，费马决定找到不同的推导方式，于是折射定律在费马的精心研究下又获得了新的发展。

费马认为不同的介质能够对光的传播形成不同的阻力，为此他首先提出光在异种介质中传播时，会遵循费马原理，也就是所走的路程都是极值。根据这一概念，可以把光在媒质中所走过的路程这算为它在真空中传播的路程，进而比较光在异种媒质中所传播路程的长短。1661 年，经过反复仔细推导，这位"业余数学家"终于通过自己的方式成功地推导出了物理学领域的光折射定律。

就这样，在长期的实验与研究中，在数位科学大师的不断"接力"下，光的折射定律从最初的朦胧形态，开始逐渐显露，并在不断的修正过程中慢慢完善。这就是折射定律的诞生过程。

诺贝尔物理学奖——物理学成就的至高荣誉

作为人类科学成就最高荣誉的诺贝尔奖，一直以来都是科学界向往的圣殿。能够获得诺贝尔奖，是全人类的骄傲和自豪。自诺贝尔奖设立以来，物理学奖都是其中的一个重要组成。走进诺贝尔物理学奖，感受物理学大师的付出与成就，让那种荣誉激起无限对于科学的向往。

诺贝尔奖是依据瑞典伟大的化学家诺贝尔先生临终遗言设立的，在遗言里，诺贝尔提出将他的 920 万美元遗产作为基金，以利息分设物理、化学、生物或医学、文学以及和平 5 项（后来增设了经济学奖）奖金。分别授予全球在这些领域或对人类做出巨大贡献的学者。

诺贝尔物理学奖作为诺贝尔奖项之一，旨在奖励那些对人类物理学做出突出贡献的科学家。每年的获奖候选人由瑞典皇家自然科学园的瑞典或国外院士、诺贝尔物理和化学委员会委员、曾获得诺贝尔物理或化学奖的科学家、在乌普萨拉、哥本哈根、隆德、奥斯陆、赫尔辛基大学、卡罗琳医学院以及皇家技术学院永久或临时任职的物理和化学教授等推荐。获奖者由瑞典皇家科学院颁发奖金。

诺贝尔基金会正式设立于 1900 年，
◀ 将发明家、化学家、工程师等诸多头衔集于一身，并在各个领取都取得了巨大成就的一代大师诺贝尔。

并于诺贝尔逝世 5 周年，也就是 1901 年 12 月 10 日第一次颁发，此后除因战争中断外，每年这一天都会在斯德哥尔摩以及奥斯陆举行颁奖仪式。

诺贝尔物理学奖历年得主 (1943 年至今)

1943—1960 年

1943 年：斯特恩（美国）开发分子束方法和测量质子磁矩。

1944 年：拉比（美国）发明核磁共振法。

1945 年：沃尔夫冈·E·泡利（奥地利）发现泡利不相容原理。

1946 年：布里奇曼（美国）发明获得压的装置，并在高压物理学领域做出发现。

▲ 现代显微镜在早期显微镜的基础上取得了巨大革新。

1947 年：阿普尔顿（英国）高层大气物理性质的研究，发现阿普顿层（电离层）。

1948 年：布莱克特（英国）改进威尔逊云雾室方法和由此在核物理和宇宙射线领域的发现。

1949 年：汤川秀树（日本）提出核子的介子理论并预言介子的存在。

1950 年：塞索·法兰克·鲍威尔（英国）发展研究核过程的照相方法，并发现 π 介子。

1951 年：科克罗夫特（英国）、沃尔顿（爱尔兰）用人工加速粒子轰击原子产生原子核嬗变。

1952 年：布洛赫、珀塞尔（美国）从事物质核磁共振现象的研究并创立原子核磁力测量法。

1953 年：泽尔尼克（荷兰）发明相衬显微镜。

1954 年：马克斯·玻恩（德国）在量子力学和波函数的统计解释及研究方面做

出贡献；博特（德国）发明了符合计数法，用以研究原子核反应和 γ 射线。

1955 年：拉姆（美国）发明了微波技术，进而研究氢原子的精细结构；库什（美国）用射频束技术精确地测定出电子磁矩，创新了核理论。

1956 年：布拉顿、巴丁（犹太人）、肖克利（美国）发明晶体管及对晶体管效应的研究。

1957 年：杨振宁（美籍华人）、李政道（美籍华人）他们对所谓的宇称不守恒定律的敏锐地研究，该定律导致了有关基本粒子的许多重大发现。

1958 年：切伦科夫、塔姆、弗兰克（苏联）发现并解释切伦科夫效应。

1959 年：塞格雷、欧文·张伯伦（美国）发现反质子。

1960 年：格拉塞（美国）发现气泡室，取代了威尔逊的云雾室。

▼ 样子有些像卫星接收器的射电望远镜。

1961—1980 年

1961 年：霍夫斯塔特（美国）关于电子对原子核散射的先驱性研究，并由此发现原子核的结构；穆斯堡尔（德国）从事 γ 射线的共振吸收现象研究并发现了穆斯堡尔效应。

1962 年：达维多维奇·朗道（苏联）关于凝聚态物质，特别是液氦的开创性理论。

1963 年：维格纳（美国）发现基本粒子的对称性及支配质子与中子相互作用的原理；梅耶夫人（美国人 . 犹太人）、延森（德国）发现原子核的壳层结构。

1964 年：汤斯（美国）在量子电子学领域的基础研究成果，为微波激射器、激光器的发明奠定理论基础；巴索夫、普罗霍罗夫（苏联）发明微波激射器。

1965 年：朝永振一郎（日本）、施温格、费因曼（美国）在量子电动力学方面取得对粒子物理学产生深远影响的研究成果。

1966 年：卡斯特勒（法国）发明并发展用于研究原子内光、磁共振的双共振方法。

1967 年：贝蒂（美国）核反应理论方面的贡献，特别是关于恒星能源的发现。

1968 年：阿尔瓦雷斯（美国）发展氢气泡室技术和数据分析，发现大量共振态。

1969 年：默里·盖尔曼（美国）对基本粒子的分类及其相互作用的发现。

1970 年：阿尔文（瑞典）磁流体动力学的基础研究和发现，及其在等离子物理富有成果的应用；内尔（法国）关于反磁铁性和铁磁性的基础研究和发现。

1971 年：加博尔（英国）发明并发展全息照相法。

1972 年：巴丁、库柏、施里弗（美国）创立 BCS 超导微观理论。

1973 年：江崎玲于奈（日本）发现半导体隧道效应；贾埃弗（美国）发现超导体隧道效应；约瑟夫森（英国）提出并发现通过隧道势垒的超电流的性质，即约瑟夫森效应。

1974 年：马丁·赖尔（英国）发明应用合成孔径射电天文望远镜进行射电天体物理学的开创性研究；赫威斯（英国）发现脉冲星。

1975 年：阿格·N·玻尔、莫特尔森（丹麦）、雷恩沃特（美国）发现原子核中集体运动和粒子运动之间的联系，并且根据这种联系提出核结构理论。

1976 年：丁肇中、里希特（美国）各自独立发现新的 J/ψ 基本粒子。

1977 年：安德森、范弗莱克（美国）、莫特（英国）对磁性和无序体系电子结构的基础性研究。

1978 年：卡皮察（苏联）低温物理领域的基本发明和发现；彭齐亚斯、R·W·威尔逊（美国）发现宇宙微波背景辐射。

1979 年：谢尔登·李·格拉肖、史蒂文·温伯格（美国）、阿布杜斯·萨拉姆（巴基斯坦）关于基本粒子间弱相互作用和电磁作用的统一理论的贡献，并预言弱中性流的存在。

1980 年：克罗宁和菲奇（美国），以表彰他们在中性 k– 介子衰变中发现基本对称性原理的破坏。

1981—2000 年

1981 年：西格巴恩（瑞典）开发高分辨率测量仪器以及对光电子和轻元素的定量分析；布洛姆伯根（美国）非线性光学和激光光谱学的开创性工作；肖洛（美国）

▼ 集成电路在现代生活中随处可见，并且无时无刻不发挥着重要作用。

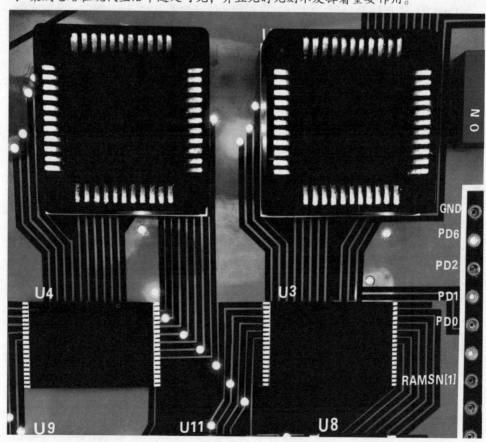

发明高分辨率的激光光谱仪。

1982年：K·G·威尔逊（美国）提出重整群理论，阐明相变临界现象。

1983年：萨拉马尼安·强德拉塞卡（美国）提出强德拉塞卡极限，对恒星结构和演化具有重要意义的物理过程进行的理论研究；福勒（美国）对宇宙中化学元素形成具有重要意义的核反应所进行的理论和实验的研究。

1984年：卡洛·鲁比亚（意大利）对导致发现弱相互作用传递者，场粒子W和Z的大型项目的决定性贡献；范德梅尔（荷兰）发明粒子束的随机冷却法，使质子——反质子束对撞产生W和Z粒子的实验成为可能。

1985年：冯·克里津（德国）发现量子霍尔效应并开发了测定物理常数的技术。

1986年：鲁斯卡（德国）设计第一台透射电子显微镜；比尼格（德国）、罗雷尔（瑞士）设计第一台扫描隧道电子显微镜。

1987年：柏德诺兹（德国）、缪勒（瑞士）发现氧化物高温超导材料。

1988年：莱德曼、施瓦茨、斯坦伯格（美国）产生第一个实验室创造的中微子束，并发现中微子，从而证明了轻子的对偶结构。

1989年：拉姆齐（美国）发明分离振荡场方法及其在原子钟中的应用；德默尔特（美国）、保尔（德国）发展原子精确光谱学和开发离子陷阱技术。

1990年：弗里德曼、肯德尔（美国）、理查·爱德华·泰勒（加拿大）通过实验首次证明夸克的存在。

1991年：皮埃尔·吉勒德—热纳（法国）把研究简单系统中有序现象的方法推广到比较复杂的物质形式，特别是推广到液晶和聚合物的研究中。

1992年：夏帕克（法国）发明并发展用于高能物理学的多丝正比室。

1993年：赫尔斯、J·H·泰勒（美国）发现脉冲双星，由此间接证实了爱因斯坦所预言的引力波的存在。

1994年：布罗克豪斯（加拿大）、沙尔（美国）在凝聚态物质研究中发展了中子衍射技术。

1995年：佩尔（美国）发现 τ 轻子；莱因斯（美国）发现中微子。

1996年：D·M·李、奥谢罗夫、R·C·理查森（美国）发现了可以在低温度状态下无摩擦流动的氦同位素。

1997年：朱棣文、W·D·菲利普斯（美国）、科昂·塔努吉（法国）发明用激光冷却和捕获原子的方法。

1998 年：劳克林、霍斯特·路德维希·施特默、崔琦（美国）发现并研究电子的分数量子霍尔效应。

1999 年：H·霍夫特、韦尔特曼（荷兰）阐明弱电相互作用的量子结构。

2000 年：阿尔费罗夫（俄国）、克罗默（德国）提出异层结构理论，并开发了异层结构的快速晶体管、激光二极管；杰克·基尔比（美国）发明集成电路。

2001—2011 年

2001 年：克特勒（德国）、康奈尔、卡尔·E·维曼（美国）在"碱金属原子稀薄气体的玻色—爱因斯坦凝聚态"以及"凝聚态物质性质早期基本性质研究"方面取得成就。

2002 年：雷蒙德·戴维斯、里卡尔多·贾科尼（美国）、小柴昌俊（日本）"表彰他们在天体物理学领域做出的先驱性贡献，其中包括在'探测宇宙中微子'和'发

▼ 对激光光谱的研究，让人们进一步将其利用于现代医学等领域，造福人类。

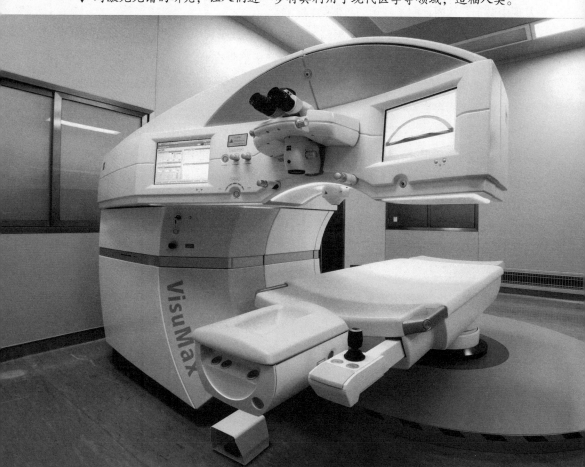

现宇宙 X 射线源'方面的成就。"

2003 年：阿列克谢·阿布里科索夫、安东尼·莱格特（美国）、维塔利·金茨堡（俄罗斯）"表彰三人在超导体和超流体领域中做出的开创性贡献。"

2004 年：戴维·格罗斯（美国）、戴维·普利策（美国）和弗兰克·维尔泽克（美国），为表彰他们"对量子场中夸克渐进自由地发现。"

2005 年：罗伊·格劳伯（美国）表彰他对光学相干的量子理论的贡献；约翰·霍尔（美国）和特奥多尔·亨施（德国）表彰他们对基于激光的精密光谱学发展做出的贡献。

2006 年：约翰·马瑟（美国）和乔治·斯穆特（美国）表彰他们发现了黑体形态和宇宙微波背景辐射的扰动现象。

2007 年：艾尔伯·费尔（法国）和皮特·克鲁伯格（德国），表彰他们发现巨磁电阻效应的贡献。

2008 年：南部阳一郎（日本），表彰他发现了亚原子物理的对称性自发破缺机制。小林诚（日本），益川敏英提出了对称性破坏的物理机制，并成功预言了自然界至少三类夸克的存在。

2009 年：高锟（英籍华裔）因为"在光学通信领域中光的传输的开创性成就"而获奖；韦拉德·博伊尔（美国）和乔治·史密斯（美国）因"发明了成像半导体电路——电荷耦合器件图像传感器 CCD"获此殊荣。

2010 年：安德烈·盖姆（英国）和康斯坦丁·诺沃肖洛夫（英国）因在二维空间材料石墨烯的突破性实验获奖。

2011 年：萨尔·波尔马特（美国）、布莱恩·施密特（美国、澳大利亚）以及亚当·里斯（美国）"透过观测遥距超新星而发现宇宙加速膨胀"。

2012 年：法国科学家塞尔日·阿罗什与美国科学家大卫·维因兰德获奖。他们在"突破性的试验方法使得测量和操纵单个量子系统成为可能"。

2013 年：比利时物理学家弗朗索瓦·恩格勒特和英国物理学家彼得·希格斯获奖。因希格斯玻色子的理论预言获奖。希格斯玻色子又称上帝粒子，是粒子物理学标准模型预言的一种自旋为零的玻色子。它是标准模型中最后一种未被发现的粒子。它可以帮助解析为何其他粒子会有质量。

2014 年：日本科学家赤崎勇、天野浩和美籍日裔科学家中村修二获奖。三位获奖者在发现新型高效、环境友好型光源，即蓝色发光二极管 (LED) 方面做出巨大贡献。

在蓝光 LED 的帮助下，白光可以以新的方式被创造出来。

2015 年：加拿大物理学家阿瑟·麦克唐纳和日本物理学家梶田隆章获奖。他们"发现了中微子振荡，表明中微子具有质量。"

2016 年：获奖者为美国的三位科学家，戴维·索利斯、邓肯·霍尔丹和迈克尔·科斯特立茨。获奖原因是"在拓扑相变以及拓扑材料方面的理论发现"。

第四章

走近物理学发明

一门学科的重要意义之一就在于它的实际应用，这也是整个科学存在的价值。自从人类在生活当中逐渐发现物理学，并在漫长的人类进程中不断将其修正与完善，最终形成的物理学也积极地影响着人类文明，物理学发明就是最鲜活的证明，因为它们就是物理学原理在实际生活中的运用，它们，改变了人类生活。

▲ 司南作为最初的指南针，它是人类早期对磁的认识与应用。

指南针——用"磁"指引方向

　　方向对于人类而言，有着特殊的意义。野外生存或是外出行走，如果"不辨东西，不识南北"那会是怎样的茫然？于是，在长期的摸索中，人们开始寻求一种能够帮助人类时刻指引方向的工具。在这种情况下，"指南针"从人类智慧中诞生了。

　　自然界如梦幻一般神奇而广阔，人类生活在其中，就显得如此的渺小。面对复杂的自然环境，在生产力低下的古代，人们往往会迷失方向，对于东南西北方位的

知识
链接

　　《鬼谷子》，也叫《捭阖策》。全书共有十四篇，其中第十三、十四篇已失传。相传是由鬼谷先生之后学者根据先生言论整理而成，该书侧重于权谋策略及言谈辩论技巧。

　　辨识，经常无计可施。于是，一种能够时刻准确指引方向的发明成为人们急切的期许。

　　后来，在古老的中华大地上"司南"诞生了，并成为人类历史上第一个"指南针"。

　　在《鬼谷子》中有记载说，到深山中采集玉石的郑国人，为了避免迷失方向，所以会带着"司南"。这在其他古代著作中也多有提及，比如《韩非子》："夫人臣之侵其主也，如地形焉，即渐以往，使人主失端，东西易面而不自知。故先王立司南以端朝夕。"又如《论衡·是应》："司南之杓，投之於地，其柢指南。"

　　司南作为中国古代四大发明之一，是古人利用天然磁石雕磨成勺形，放在标刻着方位的光滑盘面上，利用磁性的作用指示南北。

　　司南的形态已经非常接近现代指南针的体型。而指南针也正是根据司南逐渐发展演变而来。"指南"的概念来源于张衡的《东京赋》"良久乃言曰：'鄙哉予乎！习非而遂迷也，幸见指南于吾子。'"在这之后经过魏晋南北朝、直到宋代经过1000多年逐渐形成。宋代科学家沈括对指南针的发展状况进行了详细的描述，他总结了其间古代劳动者所创造的4种指南针装置方

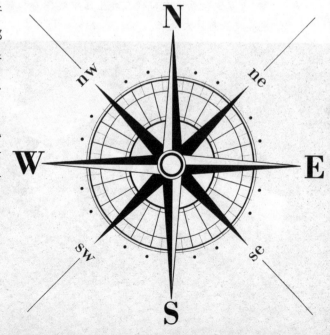

▶ 指南针的出现，为人类生活带来了无限便利，让人类在生产生活中不在受困于方向的分辨。

法。第一种是水浮法，也就是把磁针放置于水面进行指南，这种方法相对简便，但是容易受水波影响而波动不定；第二种是指甲旋定法，指示方向时，把磁针放在指甲上，这种方法转动灵活，但是很容易掉落；第三种方法是碗唇旋定法，也就是把磁针放在碗口边上，虽然这种方法一样能使磁针转动灵活，但是缺点和指甲旋定法一样容易磁针掉落；最后一种是缕旋法也是相对来说最好的一种，同过蚕丝将磁针悬挂起来，这样不仅可以达到转动灵活而且又非常稳定，不会掉落。

除了这种使用天然磁以外，沈括还记载了"人工授磁"方法："以磁石磨针锋，则能指南"。这种通过人工使金属产生磁性，不仅是古代人们对于物理学磁知识认识的巨大进步，同时也是人类文明进步的一个标志。

除了这些"指南针"以外，人们在长期劳动中还曾制作了"指南鱼""旱针""水针"等指南发明。其中的旱针与水针为近代罗盘针的形成奠定了基础。

指南针出现之后，被迅速应用到日常生活、生产、航海以及军事当中。尤其是对于航海的发展与推动，起到了无比巨大的影响，从某些角度甚至可以说指南针的发明，直接开启了西方大航海时代的序幕。

虽然随着人类科技的迅猛发展，如今各种卫星导航等定位系统已经很普遍地应用到了人们的生活当中，但是作为物理学重要发明的指南针，依旧以它特有的方式作用于人类，为人类默默地指引方向。

▼ 卫星定位系统在现代人类生活中发挥着积极的作用，从指南针到卫星导航，科技发展发生着巨大变化。

▲ 灿烂的星空，始终闪烁着引人向往的光芒。

天文望远镜——一只观天的眼

　　人类自诞生之初，就对宇宙有着无法割舍的向往与好奇，总是幻想着生出双翅，到宇宙中近览群星的璀璨，然而这在当时无异于一种痴人说梦。后来，当天文望远镜被发明出来后，人类终于能够得偿所愿。即便不能身临宇宙，却一样能够用双眼一探宇宙的奥秘。

　　一直以来，人类纵然对宇宙天文有着强烈的与生俱来的好奇，但是碍于生产力低下。科技水平落后等条件的制约，一直无法真正近距离对宇宙天文进行观测与研究。但是这样的一种愿望却从来没有在人类的心底消失过。

　　后来，随着自然知识，特别是物理学知识的积累，人类逐渐掌握了一些天文观测技巧，甚至创造性地发明了比如天文望远镜一类的器材设备。

▲ 宇宙中的地球与月球。

　　说起天文望远镜，不得不提的就是伽利略。正是这位伟大的天文物理学家发明了人类历史上第一台天文望远镜，并通过自己的发明先后发现了月球的高地和环形山所投下的阴影、太阳黑子以及木星的4颗最大卫星。由此开启了天文学观察研究新纪元。

　　1609 年中旬，伽利略到威尼斯做学术访问，其间听说了荷兰人发明出一种能够看见遥远物体的"幻镜"。这一消息极大地吸引了伽利略，于是很快借故结束了匆忙行程，返回大学开始了关于"幻镜"的研究工作。

　　在伽利略的潜心研究下，两架仿造的仪器很快就诞生了。或许"幻镜"只是富商、贵族取乐的玩具，而伽利略却将仿造出的仪器对准了浩渺的星空。

　　1609 年 8 月，伽利略通过它成功观察了月球。原本印象里美轮美奂的银盘在这架仪器里显露了它千疮百孔的原形，在震惊的同时，伽利略把月球上四周边缘突起的圆状命名为"环形山"，而那些相对平坦黑暗的区域则被他叫作"海"。

　　月球的成功观察，让伽利略大受鼓舞，于是他再一次将目光移向了灿烂的星星。虽然在望远镜里，星星依旧那么小，但是星光却更加明亮。这让他相信哥白尼所预言的"恒星距离我们极其遥远"将是一个科学真理！

　　在这之后，伽利略又将望远镜对准了行星。1610 年 1 月伽利略发现了木星那淡黄色的小小圆面，由此证明行星确实比恒星近得多。同时他又相继发现了木星旁边始终有 4 个更小的光点，它们几乎排成一条直线。最终在连续几个月的跟踪观测下，他确信，像月球环绕地球一样，那 4 个光点都在绕木星转动，应当是木星的卫星。

随着对月球以及其他行星的顺利观察，伽利略逐渐开始对金星产生了兴趣。1610 年 8 月他通过望远镜成功发现了金星呈弯月般的形状。可是为什么金星会像月球一样存在位相变化呢？对此，伽利略认为金星并非在做绕地球旋转，而是在围绕太阳转动，而且只有当金星与太阳的距离小于金星与地球的距离时，才能出现这种情况。

随着伽利略运用他所发明的望远镜多次成功地观测到宇宙天文现象，越来越多的观测结果成为后来推翻"地心说"的事实依据。对此，人们经常说："哥伦布发现了新大陆，伽利略发现了新宇宙。"

天文望远镜的应用，让"近距离"观测太空成为现实。

其实伽利略所制造的望远镜相对比较简单，属于折射望远镜，只是在不透光的管子两端安装了两个透镜。在伽利略发明望远镜后，1611 年德国天文学家开普勒通过用两片双凸透镜分别作为物镜与目镜，使望远镜的放大倍数有了巨大提高。到了1814 年折反射式望远镜诞生；1931 年德国光学家施密特用一块非球面薄透镜作为改正镜，与球面反射镜搭配，制成了能够消除球差和轴外像差的施密特式折反射望远镜。并成为天文观测的重要工具。

现代天文望远镜，相比它的诞生之初，已然发生了天翻地覆的变化。

▼ 天文望远镜的应用，让"近距离"观测太空成为现实。

▲ 早期，人类对温度高低并没有准确的测量方法。

温度计——让温度有了数值的显示

在人类对于自然的认识过程中，随着认识的加深，总是需要一些"工具"来发现更多的科学奥秘。而这些工具也正是在之前不断探索得来的知识的实际运用。温度计作为物理学界的一项小发明，在人们的生活中却起着巨大的作用。而发明虽小，却也经历了无数次改良与完善。

温度是人类对于自然冷暖的一种感官体验，长期以来，温度变化一直对人类生产生活产生着种种或有利或不利的影响。于是对于温度的测量成为人们必须解决的问题。也正因为如此，发明一种能够测量温度度数的"温度计"成为一种必要。

在漫长的时间进化过程中，伴随着无数科学家的不断努力，1593 年，最早的温度计在意大利科学家伽利略的手中诞生。他所发明的温度计是一根奇怪的玻璃管，玻璃管一段敞口，一端以一个核桃一样大小的玻璃泡封闭。在使用时，需要先给玻璃泡加热，之后再将玻璃管小心翼翼地插入水中。随着温度的变化，玻璃管里的水位就会相应地上下移动，最后再根据水位移动情况判定温度的变化以及温度的高低。这种一端开放式的温度计，受热胀冷缩作用的同时，也会因为外界大气压强等环境因素的影响，所以测量误差难免较大。

　　这样的温度计显然无法成为社会上实用的温度测量仪器。所以在这之后，伽利略的学生以及其他很多科学家开始在伽利略的研究基础上进行反复的实验改进。比如将他所发明的温度计玻璃管倒置，将液体注进管内，然后将玻璃管密封。在这其中，法国人布利奥在1659年改进的温度计成为众多"改良成果"中最为突出的一个。他把玻璃泡的体积缩小，并将玻璃管内的液体换成水银，这样，经过他改良的温度计成了现代温度计的雏形。

　　经过数十年的发展，1709年和1714年荷兰人华伦海特分别利用酒精和水银作为测量物质，制作出了更加精准的温度计。之后他观察了水的沸腾温度、冰水混合物温度、冰与盐水混合物的温度，在大量进行实验测量后，华伦海特把一定浓度的盐水凝固时的温度定为0；将纯水凝固温度定为32；标准大气压下水的沸腾温度定为212。在这里"℉"代表华氏温度，而华伦海特所发明的这种温度计也就是华氏温度计。

　　几乎与华氏温度计同期，法国人列缪尔也改制出一种温度计，他觉得水银的膨胀系数过小，不适合作为测温物质，所以在他的实际中，抛弃了水银，而是选择用了酒精。在反复实验后他发现，含有1/5水的酒精，在水结冰至沸腾温度之间，体积膨胀从1000个体积单位扩大到了1080个体积单位。所以他将冰点与沸点之间划分为80份，作为自己设计温度计的温度分度。这种温度计被叫作列式温度计。

　　直到这时，无论是华氏温度计还是列式温度计，依然没能成为人们最常用的温度

▶ 温度计的发明，让人类开始能够准确测量身边环境与事物的温度。

知识
链接

　　自然界中物体受热时会膨胀，遇冷时会收缩。这是因为物体内的粒子运动会随温度改变，当温度上升时，粒子的振动幅度会相应加大，促使物体膨胀；当温度下降时，粒子的振动幅度便会随之减少，使物体收缩。

计。最终，也就是华氏温度计诞生 30 多年以后，瑞典物理学家摄尔修斯在 1742 年通过对华氏温度计的改进，成功推出了他的研究成果，也就是现在人们常见的摄氏温度计。

　　摄尔修斯将水的沸点定为 100℃，冰点定为 0 度。后来摄尔修斯的同事施勒默尔将两个温度数值倒过来，也就成了现在的摄氏温度，摄氏温度用符号"℃"进行标示。摄氏温度与华氏温度的关系是$℃ = \dfrac{5}{9}$（℉–32）。

　　至此，温度计基本形成了固定的样式，除了英美等国多用华氏温度计以外，全球科技界以及大多数国家工农业生产、日常生活中都选用摄氏温度计。

电池——将神奇 "收入瓶中"

自然界的电，虽然有着巨大的似乎显得无比神奇的力量，但是对于人类，又怎么将它握在手中加以利用呢？或许电池就是最好的答案，因为电池是一只更具 "魔力" 的能够将电这种神奇装载进来的 "魔瓶"。

若干年前，人类从懵懂中开始有了对电的初步认识，于是在很多人的脑海了，开始 "幻想"，想象怎样将这种自然界的神奇力量握在手中，进而成为人类生产与生活中的助推。

也许这样一种冲动在普通人眼中确实是一种奢望与幻想，但是在科学家眼中这是一个目标，一种能够成为现实的追求。于是，无数科学家开始尝试着进一步去了

▼ 能够让电成为人类生活中的支配，让它在人类生活中发挥更大的价值，是过去某个阶段里人们的梦想与愿望。

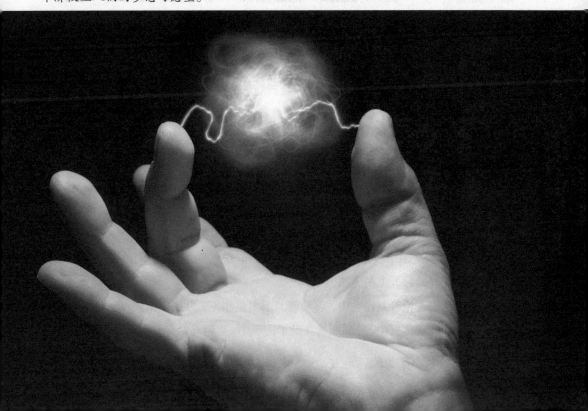

▲ 电池的发明，实现了人类存储电的愿望，这为人类对电的认识与使用有着积极意义。

解电。

　　这样，又是一番漫长的探索过程，然而随着时间辗转，一种真的将人们幻想中的神奇力量——电握在手中的发明逐渐露出了属于它的轮廓，那就是电池的雏形。

　　在18世纪40年代以后，随着对电的认识加深，物理学家开始将注意力转向大气中电现象以及发电装置的研究。

　　1745年，普鲁士人克莱斯特通过导线把摩擦产生的电引向装有铁钉的玻璃瓶，当他不经意间用手碰触铁钉时，手被猛烈地刺激了一下。

　　这次意外的"刺激"启发了很多学者，莱顿大学教授马森布罗克就是其中之一。长期以来他一直受困于收集起来的电很容易在空气中不知不觉消失。所以他想寻找到一种能够完好地保存电的方法。

　　一天他用一支枪管悬在空中，将枪管与起电机相连，并用一根铜线从枪管引出，浸入装有清水的玻璃瓶中，玻璃瓶握在助手的手中。然后马森布罗克用力摇动起电机，

知识
链接

　　生物的器官、组织和细胞在生命活动过程中发生的电位和极性变化。它是生命活动过程中的一类物理、物理－化学变化，是正常生理活动的表现，也是生物活组织的一个基本特征。

　　这时他的助手不小心一只手碰到了枪管，瞬间，他感受到一股强烈的电击。于是马森布罗克换下助手，亲自体验了一下，就是这一次体验，让他产生了畏惧，从而不愿意再重复实验，但是他却得出结论："玻璃瓶能够保存带电体所带的电。"

　　虽然没弄清楚究竟是瓶子还是水对电的保留起到了作用。但是这一实验却成为物理学史上著名的实验，实验中这个能够保存电的瓶子被叫作"莱顿瓶"。

　　莱顿瓶实验虽然有着巨大的恐惧，但是这并没有消减人们进一步研究的热情。

▼ 太阳能电池——人类根据现代技术开发出的环保电池。

　　1786 年，意大利解剖学家伽伐尼在做青蛙解剖实验时意外发现了"生物电"。而生物电的发现再次刺激了物理学界，意大利物理学家伏特也是其中之一，他在反复研究伽伐尼的实验后，认为伽伐尼生物电的说法不正确，于是自己进行了论证，并发现两种金属片之间，只要有一种与溶液发生化学反应，金属片之间就能产生电流。

　　伏特继续实验，1799 年，伏特在实验中将一块锌板和一块银板浸在盐水里，发现两块金属板之间连接的导线有电流通过。于是他将许多锌板与银板之间垫上浸透盐水的绒布，之后平叠起来。用手碰触两端时，身体受到了强烈的电流刺激。于是，在惊喜中，人类第一块电池诞生了，它被叫作"伏特电堆"。

　　1836 年，英国人丹尼尔对伏特电堆进行了改良研究，他通过使用稀硫酸作为电解液，制造出了第一个不极化并且能够保持平衡的锌 - 铜电池。

　　20 多年之后，法国人普朗泰发明出使用铅电极的电池，这种电池因为能够充电反复使用，所以被叫作"蓄电池"。

　　直到这时，所有的电池都是在两种金属板之间灌装液体，所以既危险又不方便，依然无法被普遍应用。

　　1860 年法国人雷克兰士研制出负极为锌汞合金的合金棒，而正极是以一个多孔的杯子盛装着碾碎的二氧化锰和碳的混合物。混合物中插有一根碳棒作为电流收集器。负极棒和正极杯都被浸在作为电解液的氯化铵溶液中。这种电池被因此被叫作"湿电池"。湿电池直到 1880 年才被改进的"干电池"取代。

　　太阳能电池——人类根据现代技术开发出的环保电池。

　　漫长的改良过程，终于实现了人类当初那个对电显得"奢侈"的愿望，电池的发明，成为物理学乃至全人类历史重要的一笔。

蒸汽机——驶向新时代的引擎

如果说有一种发明改变了人类诞生伊始的慢节奏，从此开启了人类工业文明的进程，那么这件发明一定是蒸汽机。就是它的出现，成为人类驶向又一个文明的有力牵引。

人类总是在生活里收获启发，在启发中提取知识，知识的运用往往产生新的发明，新发明的诞生又会再次应用于人类的生产生活当中。如此循环往复，历史就在这种不断的循环间滚滚向前。

物理学作为与人类联系最为紧密的科学之一，它所产生的发明，往往都会带来

▼ 蒸汽机的发明，加快了人类工业化进程。

巨大的生产变革，蒸汽机就是一个最有力的说明。

古希腊数学家希罗在 1 世纪发明了汽转球，这被认为是人类历史上第一个蒸汽机。不过它只是一个玩具而已。大约在 1679 年，法国物理学家丹尼斯·巴本制造了第一台蒸汽机工作模型。在这之后 1698 年托马斯·塞维利、1712 年托马斯·纽科门和 1769 年詹姆斯·瓦特制造了早期的工业蒸汽机，他们对蒸汽机的发展都做出了自己的贡献。1807 年罗伯特·富尔顿第一个成功地用蒸汽机来驱动轮船。

大科学家瓦特并不是蒸汽机的发明者，因为在他之前蒸汽机就已经出现了，那时的蒸汽机也就是纽科门蒸汽机。

纽科门蒸汽机耗煤量大、工作效率低，无法真正意义上为生产带来便利，为此很多科学家开展了一系列改良研究。瓦特运用科学理论，通过认真实验研究，逐渐找到了这种蒸汽机的"病症"。

英国伟大的学者、发明家詹姆斯·瓦特。

此后从 1765 年到 1790 年，瓦特进行了大量的发明，分离式冷凝器、汽缸外设置绝热层、用油润滑活塞、行星式齿轮、平行运动连杆机构、离心式调速器、节气阀、压力计等都在这期间诞生，而这些研究成果使蒸汽机的工作效率提高到原来纽科门机的 3 倍多，这种经过改良的蒸汽机的出现，也成正式宣告现代意义上的蒸汽机开始诞生。

改良后的蒸汽机的出现，被广泛应用到采矿业、冶炼、纺织、机器制造等行业当中，不仅节省了人力，同时极大地提高了劳动生产效率，并由此引发了一次影响巨大的工业革命。

可以说蒸汽机对于人类文明的迈进起到了非常巨大的推动作用，不仅在人类科技史上起着有力的牵引作用，在现实生活中，蒸汽机一样逐渐被应用做车船的动力引擎。

◀ 英国伟大的学者、发明家詹姆斯·瓦特。

▲ 早期蒸汽机牵引的火车。

1807 年美国人富尔顿成功地研制成第一艘明轮推进的蒸汽机船"克莱蒙"号，由此开始了蒸汽机作为船舶动力的百年历史。

1829 年英国人史蒂芬孙对之前特里维西克制作的高压蒸汽机车进行了重新研究改造，并成功创造了"火箭"号蒸汽机车，在公开实验中，"火箭"号牵引着一节载有 30 位乘客的车厢顺利开动，并且时速达到 46 千米 / 时，这在当时引起了巨大轰动，开创了铁路时代。

早期蒸汽机牵引的火车。

蒸汽机的发展在 20 世纪初达到了顶峰。它具有恒扭矩、可变速、可逆转、运行可靠、制造和维修方便等诸多优点，所以曾被广泛应用于电站、工厂、机车和船舶等各个领域当中，特别在军舰上成了当时唯一的原动机。

或许蒸汽机不是人类历史进程中最重要的发明，但是蒸汽机的出现却无疑大大地推动了人类从农业文明向工业文明的过渡。

▲ 电报，让人类第一次通过电波将信息成功传递，是人类通讯史上的一次跨越。·

电报——信息与时间赛跑

　　当烽火与信鸽成为数千年信息传递的唯一使者，人类常常感叹"欲寄音书那可闻"，于是在经历了漫长信息传达不便的煎熬下，当电报诞生，人类终于迎来了一次通信技术的变革。随着电报电波的传递，一个时代终结了，另一个时代由此诞生。

　　"烽火连三月，家书抵万金"，书信在人类生活中的意义不言而喻，这是因为它是不在一起的人们互相传递信息的一种方式，是人与人之间交流的一种途径。然而在过去，因为通信手段单一，交通不便，人们的信息我、传递往往只能通过骑马或是通过信鸽传递，在中国古代，狼烟也是一种通信手段，然而它们都存在诸多难以规避的缺点，路程与天气一直是它们无法战胜的困难。

　　一种新的高效通信手段的出现变得尤为重要，特别是当 19 世纪 30 年代铁路通信获得快速发展的时候，人们更加期待一种不受天气影响、没有时间限制、同时比火车速度快的通信工具的出现。

在这种万众期待中，电报逐渐走进了人类世界。

1837 年，英国人库克和惠斯通一起研制了第一个有线电报，且不断加以改进，发报速度不断提高。这种电报很快在铁路通信中获得了应用。他们的电报系统的特点是电文直接指向字母。

与此同时，美国人莫尔斯也对电报产生了浓烈兴趣。作为画家，凭他凭借自己的想象力以及对科学的研究热情，将人们的梦想照进现实。在他 41 岁的时候从法国学画返回美国的轮船上，闲谈中医生杰克逊向他展示了一通电就能吸起铁，一断电铁器就掉下来的"电磁铁"，并且还告诉他说"不管电线有多长，电流都可以神速通过"。这番话和这个神奇的电磁铁将他牢牢地吸引到了电磁学的世界。

回国后莫尔斯思考：既然电流可以瞬息通过导线，那能不能用电流来传递信息呢？带着这样的疑问，他在自己的画本上写下了"电报"字样，并暗暗发誓要完成用电来传递信息的发明。

在以后的日子里，他先是拜著名的电磁学家亨利为师，一个门外汉开始从头学

▼ 小小的电磁铁，成为人类文明巨大的助推器，它的应用在电子世界几乎无处不在。

习电磁学知识。之后买来了各种各样的实验仪器和电工工具，把画室改装成电磁实验室，一切完备之后便一头扎进去开始了自己的实验研究。然而无论怎样琢磨，反复的实验都是以失败收尾。多少次他想着放弃，可是每次拿起画笔都会想起自己曾经的誓言，于是他坚定地抬起头告诉自己，一定要坚持！

冷静下来的他开始分析失败原因，并且重新设计的思路。1836 年，莫尔斯终于找到了新方法。他在新的方案里写道："电流只要停止片刻，就会现出火花。有火花出现可以看成是一种符号，没有火花出现是另一种符号，没有火花的时间长度又是一种符号。这三种符号组合起来可代表字母和数字，就可以通过导线来传递文字了。"

或许这次发现对于现在的我们来说显得很平常，但莫尔斯却是人类第一个想到用点、画等符号来表示字母的人。

▼ 随着科技的发展，电报已经逐渐淡出人们的视线，取而代之的除了网络等通信技术外，传真也是现代社会人们经常使用的通信工具。

　　莫尔斯的奇特构想，就是著名的"莫尔斯电码"，这也是电信史上最早的编码，是电报发明史上的重大突破。

　　莫尔斯在取得突破以后，立刻投入到紧张的工作中去，把这种构思转化成实用的装置，并且不断地加以改进。1844 年 5 月 24 日，是人类电信史上光辉的一页，也是值得永远铭记的一天。因为随着莫尔斯在美国国会大厅里，亲自按动电报机按键。在一连串嘀嘀嗒嗒声响的同时，电文通过电线很快传到了数十公里外的巴尔的摩。远在巴尔的摩的助手准确无误地把电文译了出来。

　　莫尔斯电报的成功在美国、英国甚至全球都引起了巨大轰动，短时间内他的电报迅速风靡全球。成为人们长期以来期待的那个最快"信使"。

　　莫尔斯电报的发明，成为物理学应用的一个经典案例，同时也是人类文明发出的一道强烈电波！

知识
链接

　　铁路通信是指铁路运输生产和建设中，利用有线通信、无线通信、光纤通信等技术和设备，传输和交换处理铁路运输生产和建设过程中的各种信息。铁路通信是以运输生产为重点，主要功能是实现行车和机车车辆作业的统一调度与指挥。

电话——打破距离对声音的阻隔

随着科学技术的不断进步，人类逐渐不满足于电报只能传递符号的现实，即便电报曾经带给人类无数惊喜与便捷。于是对于更方便通信工具的期待成了人类共同的梦想。这为电话的发明创造了一种"生当逢时"氛围。

随着生产力的提高，人类科技不断取得进步。这在某些角度来说，刺激了人类的"欲望"，在这其中，对某些原本为人类带来诸多便利的工具提出了更高的要求。

通信中，电报曾经是让人类收获惊喜和巨大满足的发明，然而随着社会的发展，人们有了更高的期待。

电报传送的是符号。发送一份电报，必须要先将内容译成电码，再用电报机发送出去；收报的一方，要将收到的电码译成报文，然后送到收报人的手里。这不仅手续麻烦，而且也不能进行及时双向信息的交流，同时更不能进行声音上的交流。所以人们开始探索一种能够直接传递人类声音的新的通信方式，也就是"电话"。

▼ 随着对波的认识加深，波的利用也越来越向更深远的领域扩进。

知识
链接

　　助听器是一种供听障者使用的、补偿听力损失的小型扩音设备，其发展历史可以分为以下七个时代：手掌集音时代、炭精时代、真空管、晶体管、集成电路、微处理器和数字助听器时代。

　　虽然助听器名目繁多，但所有助听器都包括传声器、放大器和受话器也就是耳机三个主要部分。传声器为声电换能器，将外界声信号转变为电信号，输入放大器后使声压放大到 1 万乃至几万倍，再经受话器输出这个放大后的声信号。

　　欧洲对于这种能够打破距离阻碍的声音传递工具的研究，早在 18 世纪就已经开始了，1796 年，休斯提出用话筒接力传递语音信息的概念。虽然这种想法有些脱离现实，但他给这种通信方式所取的名字——Telephone(电话)，却被世人认可，并沿用至今。

　　1861 年，一名德国教师发明了最原始的电话机，利用声波原理能够在短距离互相通话，但这个电话机并没能够广泛使用。

　　想要真正研制出能够普遍应用的电话机，把电流和声波联系到一起是一个关键。

　　亚历山大·贝尔决定去尝试这一挑战，他系统地学习了语音、发声机理以及声波振动原理，在给聋哑人研制助听器的过程中，他意外发现电流导通和停止的瞬间，螺旋线圈发出了噪声，于是贝尔突发奇想——"用电流的强弱来模拟声音大小的变化，从而用电流传送声音。"

　　获得启发后，贝尔和他的助手沃森特开始着手设计电话，1875 年 6 月 2 日，一个注定不再平凡的日子。贝尔和沃森特正在进行模型的最后设计和改进，最后测试的时刻到了，沃森特在另外一间闭紧门窗的屋子里，把耳朵贴在音箱上准备接听，这时贝尔在最后操作时不慎把硫酸溅到自己的腿上，疼得他不由自主地喊"沃森特先生，快来帮我啊！"然而正是这句话通过他手里的实验电话清晰地传到了在另一个房间沃森特先生的耳朵里。

　　于是这句极普通的话，也意外成为人类第一句通过电话传送的话音被载入史册。

▲ 早期的电话机和现在人们所使用的电话机还有很大的差异。

1875 年 6 月 2 日这个日子，也被人们作为发明电话的伟大日子而加以纪念。

1877 年，在波士顿和纽约之间开通了第一条电话线路，两地间相距 300 公里。也就在这一年，有人第一次用电话给《波士顿环球报》发送了新闻消息，从此开始了公众使用电话的时代。声音讯息因为距离而受阻隔的历史宣告结束。在这之后的一年中，贝尔成立了贝尔电话公司，也就是美国电报电话公司前身。

电话作为现代通信手段，在 1881 年传入中国，那一年英国电气技师皮晓浦在上海十六铺沿街架起一对露天电话，这就是中国的第一部电话。1882 年 2 月，丹麦大北电报公司在上海外滩扬于天路办起中国第一家电话局，用户 25 家。1889 年，安徽省安庆州候补知州彭名保，自行设计了一部电话，包括自制的 50 几种大小零件，标志着中国第一步自主设计的电话的诞生。

与现在的电话相比，最初的电话并没有拨号盘，一切通话必须通过接线员进行，接线员将通话人接上正确的线路。电话拨号盘的应用开始于 20 世纪初，当时马萨诸塞州流行麻疹，一位内科医生因担心万一接线员病倒造成全城电话瘫痪而提议设计的。

如今，虽然互联网技术迅速发展，网络视频与童话成为更多人的交流选择，但是电话依旧有着其特殊的意义。

第五章

量子物理学漫谈

量子物理学是人们研究微观世界的理论，也有人称为研究量子现象的物理学。由于宏观物体是由微观世界建构而成的，因此量子物理学不仅是研究微观世界结构的工具，而且在深入研究宏观物体的微结构和特殊的物理性质中也发挥着巨大作用。

量子理论的逐渐形成

　　量子世界除了其线度极其微小之外（10^{-10} ~ 10^{-15}m 量级），另一个主要特征是它们所涉及的许多宏观世界所对应的物理量往往不能取连续变化的值，（如：坐标、动量、能量、角动量、自旋），甚至取值不确定。许多实验事实表明，量子世界满足的物理规律不再是经典的牛顿力学，而是量子物理学。

　　从前几章我们了解了人类在物理学上的伟大发现与发明，但人类从来不会停滞在既有的成绩面前的，他们总是要在新的发现中去寻找快乐的，而对于可以解释宇宙秩序的理论当然更是充满了无限的兴趣。

　　时间到了 19 世纪末，由于生产技术的发展，精密、大型仪器的创制以及物理学思想的变革，这一时期的物理学理论呈现出高速发展的状况，物理学上的一系列的重大发现，让之前的物理学理论体系遇到了不可克服的危机，可以解释低速的宏观

▼ 量子理论开启了人类认识世界的新纪元

的理论已无法解释一些高速、微观的现象，从而引起了现代物理学革命。人们已把研究主体放到高速、微观这样的自然现象中，深入到广垠的宇宙深处和物质结构的内部，于是对宏观世界的结构、运动规律和微观物质的运动规律的认识，产生了重大的变革，量子理论就在这个时候被提出来了。

1900 年，普朗克最先提出了量子这个概念，到今天已经 100 多年了。随后，经过玻尔、德布罗意、玻恩、海森堡、薛定谔、狄拉克、爱因斯坦等许多物理大师的努力，到 20 世纪 30 年代，初步建立了一套完整的量子力学理论。

通俗地解释就是量子物理学是人们研究微观世界的理论，也有人称为研究量子现象的物理学。由于宏观物体是由微观世界建构而成的，因此量子物理学不仅是研究微观世界结构的工具，而且在深入研究宏观物体的微结构和特殊的物理性质中也发挥着巨大作用。所谓物量子现象就是科学家们在研究原子、分子、原子核、基本粒子时所观察到的关于微观世界的系列特殊的物理现象。

知识
链接

坐标

坐标就是确定位置关系的数据值集合。

天球上一点在此天球坐标系中的位置由两个球面坐标标定：①第一坐标或称经向坐标。作过该点和坐标系极点的大圆，称副圈，从主点到副圈与基圈交点的弧长为经向坐标。②第二坐标或称纬向坐标。从基圈上起沿副圈到该点的大圆弧长为纬向坐标。天球上任何一点的位置都可以由这两个坐标唯一地确定。这样的球面坐标系是正交坐标系。对于不同的基圈和主点，以及经向坐标所采用地不同量度方式，可以引出不同的天球坐标系，常用的有地平坐标系、赤道坐标系、黄道坐标系和银道坐标系。

▲ 四种作用力可以很好地解释物质世界的根本关系

自然界的四个基本作用力

量子理论既然可以很好地解释万物之间的关系，那么这样一个理论体系是在什么基础上形成的呢？这就要让我们了解自然界中的四种基本作用力。

这四种基本作用力是：电磁力，引力，强相互作用，弱相互作用。引力和电磁力可以在宏观世界看到它们的作用。对于我们来说，最先了解的当然是引力，因为我们都知道那个牛顿被树上掉下的苹果砸中的故事，据说牛顿因为这个落向地面的苹果而发现了万有引力，也让我们知道了世间的一切物质都是在引力地作用下运行。引力是四个基本作用力中最微弱的。

不同时空观下对于引力有什么的不同解释：

在经典力学中，引力被认为来自于质量与引力场之间的相互作用。但在爱因斯坦的理论中引力已经不是一种基本力了，而仅仅是时空结构发生弯曲后的表现而已，而导致时空结构发生弯曲的原因就是巨大的质量。

在量子引力中，引力子被假定为引力的传送媒介。在地球上，引力的吸引作用使得物体拥有重量并使它们向地面降落。此外，引力是太阳和地球等天体之所以存在的原因；如果没有引力，就不存在太阳系，引力使地球和其他天体按照它们自身的轨道围绕太阳运转，也正是引力，使得月球按照自身的轨道围绕地球转，形成潮汐。

电磁力是电荷、电流在电磁场中所受力的总称。也有称载流导体在磁场中受的力为电磁力，而称静止电荷在静电场中受的力为静电力。它是四种基本力中第二强的力。

弱相互作用和强相互作用是短程力，短程力的相互作用范围在原子核尺度内。强作用力只在 10^{-15}m 范围内有显著作用，弱作用力的作用范围不超过 10^{-16}m。这两种力只要在原子核内部核基本离子的相互作用中才显示出来，在宏观世界里根本不会察觉到的。

对强互作用的认识是因为质子和中子的被发现，我们知道原子是化学变化中最小的粒子，但在物理状态下还是可以分解的，要想分解一个原子，就要知道让它们结合在一起的机制，经典物理学已让人类知道了"力"这个物理现象，那原子中的质子和中子是通过哪种力结合在一起的呢？这也正是科学的魅力所在，当我们发现一种新事物，会想要探究其形成的本源。

很快科学家发现，让质子和中子紧密联连在一起的是一种强相互作用力，其中作用的机制是十分复杂的。强相互作用力是短程力。短程力从字面上看就可以知道这是一种作用范围很小的力，其作用力随着距离的增加急速减小，最终消失。强相互作用是四种作用力中最强的。

在微观的世界里，粒子间的相互作用是通过碰撞来实现的，弱相互作用力的具体表现就是中子的 β 衰变，即：中子衰变成质子、电子与中微子或反电子中微子。弱相互作是强度排名第三的作用力。

今天物理学家试图找到一种可以让四种相互作用用一个理论来解释的方法，弦论是现在最有希望将自然界的基本粒子和四种相互作用力统一起来的理论。

▲ 对微观世界的认识让人类真正了解宇宙的奥秘

微观世界里的家庭成员

既然宇宙万物是由微观粒子构成的，那么，这些微观粒子都是什么就是我们要了解的，同时也要知道它们到底有什么物理特性。

原子

原子，指化学反应不可再分的基本微粒，原子在化学反应中不可分割，但在物理状态中可以分割。原子由原子核和绕核运动的电子组成，原子构成一般物质的最小单位，称为元素，已知的元素有 118 种。

原子核由带正电的质子和电中性的中子组成。当质子数与电子数相同时，这个原子就是电中性的；否则，就是带有正电荷或者负电荷的离子。根据质子和中子数量的不同，原子的类型也不同：质子数决定了该原子属于哪一种元素，而中子数则确定了该原子是此元素的哪一个同位素。

质子由两个上夸克和一个下夸克组成，带一个单位正电荷，然而部分质量可以转化为原子结合能。拥有相同质子数的原子是同一种元素，原子序数 = 质子数 = 核电荷数 = 核外电子数。

强子

强子，属于现代粒子物理学中的概念，也是量子力学中的重要概念。

强子是一种亚原子粒子，所有受到强相互作用影响的亚原子粒子都被称为强子。强子，包括重子和介子。

按现代的粒子物理学中的标准模型理论所言，强子是由夸克、反夸克和胶子组成的。胶子是量子色动力学中的力子，它将夸克连在一起，强子是这些连接的产物。

按其组成夸克的不同，强子还可以分为：

1、重子：重子由三个夸克或三个反夸克组成，它们的自旋总是半数的，也就是说，它们是费米子。它们包括人们比较熟悉的组成原子核的质子和中子和一般鲜为人知的超子，这些超子一般比核子重，而且寿命非常短。

2、介子：介子由一个夸克和一个反夸克组成，它们的自旋是整数的，也就是说，它们是玻色子。介子有许多种。在高空射线与地球空气相互作用时会产生介子。

夸克

夸克：是一种基本粒子，也是构成物质的基本单元。夸克互相结合，形成一种复合粒子，叫强子，强子中最稳定的是质子和中子，它们是构成原子核的单元。由于一种叫"夸克禁闭"的现象，夸克不能够直接被观测到，或是被分离出来；只能够在强子里面找到夸克。就是因为这个原因，我们对夸克的所知大都是来自对强子的观测。

夸克的种类被称为"味"，它们是上、下、粲（魅）奇、底及顶。上夸克和下夸克的质量是所有夸克中最低的。较重的夸克会通过一个叫粒子衰变的过程，来迅速地变成上或下夸克。粒子衰变是一个从高质量态变成低质量态的过程。就是因为这个原因，上及下夸克一般来说很稳定，所以它们在宇宙中很常见，而奇、魅、顶及底则只能经由高能粒子的碰撞产生（例如宇宙射线及粒子加速器）。

费米子

费米子：在一组由全同粒子组成的体系中，如果在体系的一个量子态（即由一套量子数所确定的微观状态）上只容许容纳一个粒子，这种粒子称为费米子。或者说自旋为半整数（1/2，3/2，…）的粒子统称为费米子，服从费米－狄拉克统计。费米子满足泡利不相容原理，即不能两个以上的费米子出现在相同的量子态中。轻子、核子和超子的自旋都是1/2，因而都是费米子。

根据标准理论，费米子均是由一批基本费米子组成的，而基本费米子则不可能分解为更细小的粒子。

根据自旋倍数的不同，科学家把基本粒子分为玻色子和费米子两大类。费米子是像电子一样的粒子，有半整数自旋（如1/2，3/2，5/2等）；而玻色子是像光子一样的粒子，有整数自旋（如0，1，2等）。这种自旋差异使费米子和玻色子有完全不同的特性。没有任何两个费米子能有同样的量子态：它们没有相同的特性，也不能在同一时间处于同一地点；而玻色子却能够具有相同的特性。

玻色子、希格斯粒子

量子场论表明，粒子之间的基本相互作用是通过交换某种粒子来传递的，即基本相互作用都是由媒介粒子传递的，这类媒介粒子统称为规范玻色子。玻色子是自旋为整数的粒子，不遵守泡利不相容原理。是在相互作用中不守恒的基本粒子，其行为遵守1920年由萨蒂恩德拉－玻色和阿尔伯特·爱因斯坦发展的"玻色—爱因斯坦统计法"的统计规则。典型的玻色子是光子，即光的粒子，我们知道光具有波粒二象性。

人们早已发现，自然界中物体之间千差万别的相互作用，可以简单划分为四种力：即引力、电磁力、维持原子核的强作用力和产生放射衰变的弱作用力。在爱因斯坦的相对论解决了重力问题后，人们开始尝试建立一个统一的模型，以期解释通过后三种力相互作用的所有粒子。

经过长期研究和探索，科学家们建立起被称为"标准模型"的粒子物理学理论，

在粒子物理学里，标准模型是一套描述强相互作用力、弱相互作用力及电磁力这三种基本力及组成所有物质的基本粒子的理论。它隶属量子场论的范畴，并与量子力学及狭义相对论相容。到目前为止，几乎所有对以上三种力的实验的结果都合乎这套理论的预测。但是标准模型还不是一套万有理论，主要是因为它并没有描述到引力。

它把基本粒子(构成物质的亚原子结构)分成三大类：夸克、轻子与玻色子。"标准模型"的出现，使得各种粒子如万鸟归林般拥有了一个共同的"家园"。但是这一"家园"有个致命缺陷，那就是该模型无法解释物质质量的来源。为了修补缺陷，希格斯提出了希格斯场的存在，并进而预言了希格斯玻色子的存在。

希格斯粒子是希格斯场的场量子化激发，它通过自相互作用而获得质量。2012年7月2日，美国能源部下属的费米国家加速器实验室宣布，该实验室最新数据接近证明被称为"上帝粒子"的希格斯玻色子的存在。2013年2月4日，该实验室确认上帝粒子的存在。

光子

光子是光量子的简称，是传递电磁相互作用的基本粒子，是一种规范玻色子。光子是电磁辐射的载体，而在量子场论中光子被认为是电磁相互作用的媒介子。与大多数基本粒子（如电子和夸克）相比，光子没有静止质量，这是根据爱因斯坦运动质量公式推导出来的。

光子的概念是爱因斯坦在1905—1917年间提出的，当时被普遍接受的关于光是电磁波的经典电磁理论无法解释光电效应等实验现象。相对于当时在麦克斯韦方程的框架下将物质吸收和发射光的能量量子化，爱因斯坦首先提出光本身就是量子化的。这一概念的形成带动了实验和理论物理学在多个领域的巨大进展，例如激光、玻色－爱因斯坦凝聚、量子场论、量子力学的统计诠释、量子光学和量子计算等。

根据粒子物理的标准模型，光子是所有电场和磁场的产生原因，而它们本身的存在，则是满足物理定律在时空内每一点具有特定对称性要求的结果。光子的内秉属性，例如质量、电荷、自旋等，则是由规范对称性所决定的。

反粒子

狄拉克方程预言每一种粒子都有一个和它的质量、寿命、自旋严格相等，而电荷却正好相反的反粒子存在，也就是正电子，从而开创了反原子、反物质、反世界的研究。1932 年美国物理学家安德森在宇宙线的研究中发现了正电子，这是人类发现的第一个反粒子。

除了某些中性玻色子外，粒子与反粒子是两种不同的粒子。如中性的光子、π介子，其反粒子就是它们自己。

反粒子的发现催生了另一个物理概念——反物质，反物质是一种假想的物质形式，在粒子物理学里，反物质是反粒子概念的延伸，反物质是由反粒子构成的。物质与反物质的结合，会如同粒子与反粒子结合一般，导致两者湮灭并释放出高能光子或伽马射线。用我们最能理解的质能公式来解释（$E=mc^2$）的话，也就是这两者相撞能量释放率要远高于氢弹爆炸。一些科幻小说里就对反物质的威力给予了极好的解释，例如在《末日危机》里就描述科学家用运载 35 克反物质的导弹摧毁了一颗撞向地球的中子星。而中子星是恒星演化到末期因为引力坍缩形成的，而一颗典型中子星的质量是太阳质量的 1.35~2.1 倍，半径则在 10~20 公里之间，乒乓球大小的中子星相当于地球上一座山的重量。

量子场论是用来研究什么的

就像一个有着不同气质的人形成气场一样，而一个物理量在一定的空间也会形成一种态势，而这个态势就是量子场要描述的。

物理学中把某个物理量在空间的一个区域内的分布称为场，如温度场、密度场、引力场、电场、磁场等。如果形成场的物理量只随空间位置变化，不随时间变化，这样的场称为定常场；如果不仅随空间位置变化，而且还随时间变化，这样的场称为不定常场。

量子场论则是在量子力学基础上建立和发展的场论，即把量子力学原理应用于场，把场看作无穷维自由度的力学系统实现其量子化而建立的理论，已被广泛地应

▼ 场论可以解释不同范围的科学现象

用于粒子物理学和凝聚态物理学中。量子场论为描述多粒子系统，尤其是包含粒子产生和湮灭过程的系统，提供了有效的描述框架。

量子场论成为现代理论物理学的主流方法和工具。所谓"量子场论"的学科是从狭义相对论和量子力学的观念的结合而产生的。它和标准（亦即非相对论性）的量子力学的差别在于，任何特殊种类的粒子的数目不必是常数。

粒子物理标准模型是微观现象的物理学基本理论，而量子场论是粒子物理的标准模型的数学基础。标准模型认为一切物质都是由该模型中的基本粒子构成，而这些基本粒子可以用量子场论描述。

量子场论的实效理论应用也是与2013年的诺贝尔物理学奖的"希格斯粒子场"的微观量子粒子的关联，作为量子场粒子的中介子的媒介粒子"希格斯玻色子"存在和发现。量子场论包含着希格斯机制（希格斯粒子场）理论。非相对论性的量子场论主要被应用于凝聚态物理学，比如描述超导性的BCS理论。而相对论性的量子场论则是粒子物理学不可或缺的组成部分。

知识
链接

凝聚态物理学：聚态物理学是一门以物质的宏观物理性质作为主要研究对象的学科。所谓"凝聚态"指的是由大量粒子组成，并且粒子间有很强的相互作用的系统。自然界中存在着各种各样的凝聚态物质，它们深刻地影响着人们日常生活的方方面面。在最常见的三种物质形态——气态、固态和液态中，后两者就属于凝聚态。低温下的超流态、超导态、超固态、玻色－爱因斯坦凝聚态、磁介质中的铁磁性、反铁磁性等，也都是凝聚态。

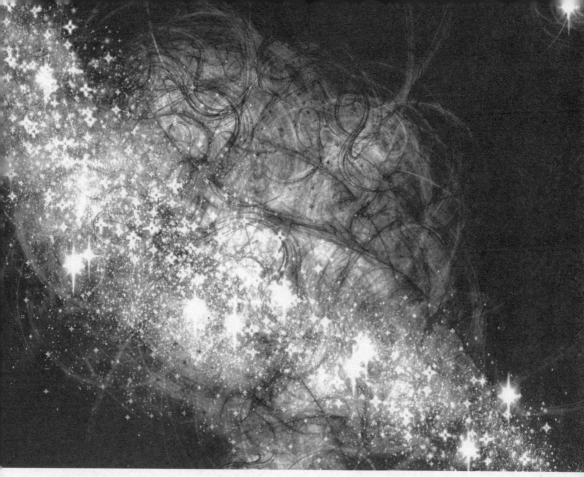

▲ 组成万物的物质可能是一段段的能量弦

莫测的"弦"世界

　　人类探索着万物的构成，那些微小的粒子性质虽然已得到了很好的解释，但得出的结论却不是完美的，弦理论也就应运而生了。

　　弦理论，即弦论，是理论物理学上的一门学说。弦论的一个基本观点就是，自然界的基本单元不是电子、光子、中微子和夸克之类的粒子。这些看起来像粒子的东西实际上都是很小很小的弦的闭合圈（称为闭合弦或闭弦），闭弦的不同振动和运动就产生出各种不同的基本粒子。

　　尽管弦论中的弦尺度非常小，但操控它们性质的基本原理预言，存在着几种尺度较大的薄膜状物体，后者被简称为"膜"。直观地说，我们所处的宇宙空间也许

　　就是九维空间中的三维膜。

　　弦论是现在最有希望将自然界的基本粒子和四种相互作用力统一起来的理论。

　　理论里的物理模型认为组成所有物质的最基本单位是一小段"能量弦线"，大至星际银河，小至电子、质子、夸克一类的基本粒子都是由这占有二维时空的"能量线"所组成。超弦理论可以解决和黑洞相关的问题，但这还是一个。

知识
链接

　　9+1 维空间：把宇宙分成九维空间，每个空间之间由一个临界点连接，时间与空间的关系是维数越高，时间相对来说越短（快）。我们人类所处的空间为三维空间，即处于四维和二维空间之间。当感觉时间过得快的时候我们正在向四维空间偏移，反之向二维空间偏移。

霍金辐射

人类预言黑洞可能是宇宙的终点，可这又跟另外的理论生冲突，而伟大的理论物理学家霍金就设想了可能黑洞并不是只吃不吐的，于是就有了霍金辐射理论。

物理学上由狄拉克方程预言每种微观粒子都存在有它的"反粒子"。举个例子，我们知道电子是带负电荷的，而人们在实验中也发现了正电子，正负电子就是一对正反粒子对。正反粒子一相遇就会发生湮灭，同归于尽。

在"真空"的宇宙中，根据海森堡不确定性原理，会在瞬间凭空产生一对正反虚粒子，然后瞬间消失，以符合能量守恒，在黑洞视界之外也不例外。

斯蒂芬·威廉·霍金推想，如果在黑洞外产生的虚粒子对，其中一个被吸引进去，

▼ 霍金辐射可以很好地解释黑洞现象

而另一个逃逸的情况。如果是这样，那个逃逸的粒子获得了能量，也不需要跟其相反的粒子湮灭，可以逃逸到无限远。在外界看就像黑洞发射粒子一样。这个猜想后来被证实，这种辐射被命名为"霍金辐射"。由于它是向外带去能量，所以它是吸收了一部分黑洞的能量，黑洞的质量也会渐渐变小，消失；它也向外带去信息，所以不违反信息定律。

在没有霍金辐射的概念以前，物理界有一个难题，就是如果把有很多熵的东西丢进黑洞里，那岂不是把那些熵给消灭掉了吗？但是熵在宇宙里是永增不减的，因此这代表黑洞应该也有很多熵，而有熵的任何东西都会释放黑体辐射，因此黑洞也会释放黑体辐射？但释放的机制又如何？霍金辐射就解释了黑洞如何释放黑体辐射的。

对于我们普通人来说，理解这些艰深的理论是非常难的，但我们只要知道，物理就是研究事物的本源，我们对宇宙了解得越多，就离知道我们从哪里来、并以什么方式存在于这个宇宙中的真相越近，而人类的文明就是基于这种不停的探索。

即便我们不是为了研究自然之理，就是为了娱乐也应多了解一些基本的量子常识，这样会让我们的生命充满更多的快乐。比如，当你去看一部星际科幻大片，影片呈见的奇异的画面及一些场景，如果没有基本的科学素养就无法理解。比如一个乘坐超光速飞船的父亲经过一天的旅行，再返回地球后看到了白发苍苍的女儿？为什么会有平行宇宙这个概念？而一个观影者完全不了解一些量子知识，就感受不到电影所表现的意境。

▲ 光电效应也被用在通信系统中

量子物理与现代化生活

人类是一种实用主义动物，他们发现了宇宙中这些奇妙的理论，可这些理论如果不能带来真正现实的好处，对他们就不具有吸引力，而艰深的量子物理学到底为人类提供了什么样的实用好处呢？

光电效应的实际应用

对于普通人来说，那些高深的理论到底实际有什么用呢？科学家在发现这些理论初期事实上也不一定知道这些理论在实际中的用处，就像没人知道初生的婴儿在未来的样子，可对于一个新的生命的诞生总是让人欣慰的。而对于那些伟大的发明家，他们想要看到世间充满神奇的变化，而科技发明就要依赖这些理论。

比如在生活中我们常见的太阳能电池就是利用了光电效应，太阳能电池是通过光电效应或者光化学效应直接把光能转化成电能的装置。只要被光照到，瞬间就可输出电压及电流。在物理学上称为太阳能光伏，简称光伏。

光电效应为激光的出现提供了理论基础，今天，激光在各领域服务着人类。激光的应用非常广泛，如用于科技、医学、工业、通信等领域。我们熟知的有：光纤通信、激光光谱、激光切割、激光焊接、激光裁床、激光打标、激光绣花、激光测距、激光雷达、激光武器、激光唱片、激光美容、激光扫描等。

质能守恒与现代生活

1905 年，伟大的物理学家爱因斯坦提出一个令人难以置信的理论：物质的质量和能量可以互相转化，即质量可以转化成能量，能量也可以转化成质量，并且不违反能量守恒定律和质量守恒定律。

他指出，任何具有质量的物体，都储存着看不见的内能，而且这个由质量储存起来的能量大到令人难以想象的程度。如果用数学形式表达质量与能量的关系的话，某个物体贮存的能量等于该物体的质量乘以光速的平方。

质能公式 $E=mc^2$ 描述了质量与能量存在固定关系。在经典力学中，质量和能量之间是相互独立、没有关系的，但爱因斯坦认为，能量和质量只不过是物体力学性质的两个不同方面而已。这样，我们在经典力学中熟悉的质量的概念被大大扩展了。爱因斯坦指出："如果有一物体以辐射形式放出能量 ΔE，那么它的质量就要减少 $\Delta E/c^2$。至于物体所失去的能量是否恰好变成辐射能，在这里显然是无关紧要的，于是我们被引到了这样一个更加普遍的结论上来——物体的质量是它所含能量的量度。"他还指出，"这个结果有着特殊的理论重要性，因为在这个结果中，物体系的惯性质量和能量以同一种东西的姿态出现……我们无论如何也不可能明确地区分体系的'真实'质量和'表现'质量。把任何惯性质量理解为能量的一种储藏，看来要自然得多。"这样，原来在经典力学中彼此独立的质量守恒和能量守恒定律结合起来，成了统一的"质能守恒定律"，它充分反映了物质和运动的统一性。

爱因斯坦质能方程对于核能的利用及基本粒子的研究，有重要的意义。核能发电是目前最环保的发电方式，1 吨金属铀裂变所产生的能量，相当于 270 万吨标准煤。

核能的利用方法有两种，核裂变与核聚变。核裂变主要用在核能发电上，也就是由重的原子核，主要是指铀核或钚核，分裂成两个或多个质量较小的原子的一种核反应形式。铀裂变在核电厂最常见。

核聚变是核裂变相反的核反应形式。核聚变是轻原子核（例如氘和氚）结合成较重原子核（例如氦）时放出巨大能量。因为化学是在分子、原子层次上研究物质性质、组成、结构与变化规律的科学，而核聚变是发生在原子核层面上的，所以核聚变不属于化学变化。

产生可控核聚变需要的条件非常苛刻。我们的太阳就是靠核聚变反应来给太阳系带来光和热，其中心温度达到 1500 万摄氏度，另外还有巨大的压力能使核聚变正常反应，而地球上没办法获得巨大的压力，只能通过提高温度来弥补，不过这样一来温度要到上亿度才行。核聚变如此高的温度没有一种固体物质能够承受，只能靠强大的磁场来约束。由此产生了磁约束核聚变。科学家正在努力研究可控核聚变，核聚变可能成为未来的能量来源。

GPS

爱因斯坦的时间和空间一体化理论表明，卫星钟和接收机所处的状态（运动速度和重力位）不同，会造成卫星钟和接收机钟之间的相对误差。由于 GPS 定位是依靠卫星上面的原子钟提供的精确时间来实现的，而导航定位的精度取决于原子钟的准确度，所以要提供精确的卫星定位服务就需要考虑相对论效应。

GPS 是靠美国空军发射的 24 颗 GPS 卫星来定位的（此外还有几颗备用卫星），每颗卫星上都携带着原子钟，它们计时极为准确，误差不超过十万亿分之一，即每天的误差不超过 10 纳秒（1 纳秒等于 10 亿分之一秒），并不停地发射无线电信号报告时间和轨道位置。这些 GPS 卫星在空中的位置是精心安排好的，任何时候在地球上的任何地点至少都能见到其中的 4 颗。GPS 导航仪通过比较从 4 颗 GPS 卫星发射

▲ GPS 的统理论基础是相对论

来的时间信号的差异，计算出所在的位置。

　　GPS 卫星以每小时 14000 千米的速度绕地球飞行。根据狭义相对论，当物体运动时，时间会变慢，运动速度越快，时间就越慢。因此在地球上看 GPS 卫星，它们携带的时钟要走得比较慢，用狭义相对论的公式可以计算出，每天慢大约 7 微秒。

　　GPS 卫星位于距离地面大约 2 万千米的太空中。根据广义相对论，物质质量的存在会造成时空的弯曲，质量越大，距离越近，就弯曲得越厉害，时间则会越慢。受地球质量的影响，在地球表面的时空要比 GPS 卫星所在的时空更加弯曲，这样，从地球上看，GPS 卫星上的时钟就要走得比较快，用广义相对论的公式可以计算出，每天快大约 45 微秒。

　　这个时差看似微不足道，但如果我们考虑到 GPS 要求纳秒级的时间精度，这个误差就非常可观了。38 微秒等于 38000 纳秒，如果不加以校正的话，GPS 每天将累积大约 10 千米的定位误差，这会大大影响人们的正常使用。因此，为了得到准确的

GPS 数据，将星载时钟每天拨回 38 微秒的修正项必须计算在内。

此外，GPS 卫星的运行轨道并非完美的圆形，有的时候离地心近，有的时候离地心远，考虑到重力位的波动，GPS 导航仪在定位时还必须根据相对论进行计算，纠正这一误差。由此可见，GPS 的使用既离不开狭义相对论，也离不开广义相对论。

改变人类生活的晶体管

量子理论是晦涩的，其实我们今天便捷的生活处处离不开量子技术。所有物质都是量子粒子的集合，而光、电和磁都是量子现象。尤其是晶体管的发明，1945 年的秋天，美国军方成功地制造出世界上第一台真空管计算机 ENIAC。据当时的记载，这台庞然大物总重量超过 30 吨，占地面积接近一个小型住宅，总花费高达 100 万美元。如此巨额的投入，注定了真空管这种能源和空间消耗大户在计算机的发展史中只能

▼ 我们今天的便捷的生活得益于晶体管的发明

是一个过客。因为彼时，贝尔实验室的科学家们已在加紧研制足以替代真空管的新发明——晶体管。晶体管的优势在于它能够同时扮演电子信号放大器和转换器的角色。这几乎是所有现代电子设备最基本的功能需求。但晶体管的出现，首先必须要感谢的就是量子力学。

正是在量子力学基础研究领域获得的突破，斯坦福大学的研究者尤金·瓦格纳及其学生弗里德里希·塞茨得以在 1930 年发现半导体的性质——同时作为导体和绝缘体而存在。在晶体管上加电压可以控制管中电流的导通或者截止，利用这个原理便能实现信息编码。此后的十年中，贝尔实验室的科学家制作和改良了世界首枚晶体管。到 1954 年，美国军方成功制造出世界首台晶体管计算机 TRIDAC。与之前动辄楼房般臃肿的不靠谱的真空管计算机前辈们相比，TRIDAC 只有 3 立方英尺大，耗电不过 100 瓦特。今天，英特尔和 AMD 的尖端芯片上，已经能够摆放数十亿个微处理器。

我们天天用的智能手机就是利用量子技术完成的。首先，构造任何固态的电子元件都需要运用量子物理学，你的智能手机中的每一块芯片都布满了晶体管等量子设备。此外，你的手机还有电脑功能、显示屏、触摸界面、数码相机、发光二极管和全球定位系统接收器———每一项功能的研发都依赖于我们对量子物理学的理解。

第六章

三大时空观

空间和时间也是人类文明中一些最古老的概念。远古时期原始的耕作、放牧需要丈量大地、顺应天时，产生了简单的空间和时间的概念及其度量方法。

随着科学的进步，人类对世界的认识也越发清晰，从以牛顿力学和麦克斯韦电磁理论为代表的空间－时间概念，经过狭义相对论和广义相对论，发展到现代宇宙论，又发展出量子论、量子力学和量子场论，到追求量子引力、超弦和 M 理论，人类从没停下探索的脚步。

绝对时空观

　　我们对世界的认识其实就是一个时空观，比如我们为确定一物体的大小，要知其形状和尺寸。对于长方体，知其长、宽和高，利用欧几里的得几何公式就可计算其体积，只要知道它相对于另一个可忽略大小的静止参照物的上下、左右和前后距离，同样利用欧几里得几何就够了。描述运动物体的瞬间位置还不够，还需要知道瞬间的速度和加速度。物体的运动性质和规律，与参照怎样的空间坐标系和时间坐标来度量有着密切的关系。正是为了确定一个惯性系，天才的牛顿给出了三维绝对空间和一维绝对时间的观念。

▼ 在地球上去探索宇宙就要考虑惯性问题

绝对空间满足三维欧几里得几何，绝对时间均匀流逝，它们所有的性质与在其中的任何具体物体及其运动无关。只有以绝对空间的静止或匀速直线运动的物体为参照物的坐标系，才是惯性系。

在经典力学中，任意一个物体对于不同的惯性坐标系的空间坐标量和时间坐标量之间满足伽利略变换。在这组变换下，位置、速度是相对的，空间长度、时间间隔、运动物体的加速度是绝对的或不变的。时间测量中的同时性也是不变的，相对于某一个惯性参照系的两个事件是否同时发生是不变的，即相对于某一个惯性参照系同时发生的两个事件，相对于其他惯性参照系也必定是同时的，称为同时性的绝对性。牛顿力学的所有规律，包括万有引力定律，在伽利略变换下其形式是不变的，也就是说力学规律在惯性参照系的变换下形式不变。运动物体在伽利略变换下的时间平移不变性，用以说明该物体的能量守恒；在伽利略变换下的空间平移和空间转动不变性，用以说明该物体的动量守恒和角动量守恒。

牛顿力学定律及其在伽利略变换下的不变性，促成对牛顿的绝对空间概念的怀疑。如果存在绝对空间，物体相对于绝对空间的运动就应当是可以测量的。这相当于要求某些力学运动定律中应含有绝对速度。但是，在牛顿力学规律中并不含绝对速度。换言之，牛顿力学定律的正确性，并不要求一定存在绝对空间。

在牛顿提出绝对空间概念之后，先后有人对这种观念提出异议。其实当时并没有有力的证据表明存在绝对空间。然而，随着牛顿力学和万有引力定律的极大成功，牛顿的绝对空间和绝对时间的概念，也一直在自然科学界和哲学界占据主导地位。

但是，在牛顿体系中无法建立简单的宇宙图像。

一种简单的宇宙图像是：在无限大的绝对空间和无穷长的绝对时间中，无限多恒星或星系在其中大体静止，平均光度大致均匀。然而，这样的宇宙图景，万有引力却无法提供一个确切解，同时对于为什么夜空是黑暗的也不能给出一个确定答案。

19世纪J.C.麦克斯韦总结出电磁学的基本规律——麦克斯韦方程组，这组方程中出现了光速 c，由麦克斯韦方程组可以得到电磁波的波动方程，由波动方程解出真空中的光速是一个常数。按照经典力学的时空观，这个结论应当只在某个特定的惯性参照系中成立，这个参照系就是以太系，其他惯性系的观察者所测量到的光速，应该"以太系"的光速与这个观察者在"以太系"上的速度之矢量和。

受牛顿绝对时空观念支配的物理学界，自然认为在绝对空间中充满着以太，麦克斯韦方程仅在相对于绝对空间静止的惯性参考系中成立，当时的物理学界猜想：以太无所不在，没有质量，绝对静止；以太充满整个宇宙，电磁波可在其中传播。

这种观念的必然推论是，在地球这个相对于绝对空间运动的系统中，麦克斯韦方程仅近似成立。电磁学或光学实验应该能够测量出地球相对于以太的漂移速度。

假设太阳静止在以太系中，由于地球在围绕太阳公转，相对于以太具有一个速度 v，因此如果在地球上测量光速，在不同的方向上测得的数值应该是不同的，最大为 $c + v$，最小为 $c-v$。如果太阳在以太系上不是静止的，地球上测量不同方向的光速，也应该有所不同。

1887 年，A. 迈克耳孙和 E. 莫雷以高精度的实验得到的结果仍然是否定的（即地球相对以太不运动），并未发现任何以太漂移。实验结果显示，不同方向上的光速没有差异。这实际上证明了光速不变原理，即真空中光速在任何参考系下具有相同的数值，与参考系的相对速度无关，以太其实并不存在。这表明，忽略地球的非惯性运动的效应，麦克斯韦方程仍成立，并不存在以太漂移。这样，牛顿的绝对空间和以太观念都受到了挑战。

▲ 其他星系有不同于地球的惯性系统

相对时空观

　　20世纪初，爱因斯坦提出了狭义相对论，扩展了伽利略相对性原理，不仅要求力学规律在不同惯性参照系中具有同样形式，而且要求其他物理规律在不同惯性参照系中也具有同样的形式。爱因斯坦还假定在不同惯性参考系中单程光速 c 是不变的。据此，不同惯性系的空间坐标和时间坐标之间不再遵从伽利略变换，而是遵从洛伦兹变换。

1904 年，洛伦兹提出了洛伦兹变换用于解释迈克耳孙－莫雷实验的结果。根据他的设想，观察者相对于以太以一定速度运动时，以太（即空间）长度在运动方向上发生收缩，抵消了不同方向上的光速差异，根据这类变换，尺的长度和时间间隔（即钟的快慢）都不是不变的，高速运动的尺相对于静止的尺变短，高速运动的钟相对于静止的钟变慢。

同时性也不再是不变的（或绝对的），对某一个惯性参照系同时发生的两个事件，对另一个高速运动的惯性参照系就不是同时发生的。

在狭义相对论中，光速是不变量，因而时间－空间间隔（简称时空间隔）亦是不变量，基于时间－空间平移不变性可以导出能量－动量守恒律。根据这一守恒律，可导出爱因斯坦质量－能量关系式。这个质能关系直接影响了原子核物理的发展与应用。

狭义相对论否定了 19 世纪以太的存在，电磁波是电磁场自身的波动。这样场就成为与实物有所不同的物质形式。同时，这也否定了牛顿的绝对空间和绝对时间，并通过光速不变原理把一维时间和三维空间联系了起来，成为相互联系的四维时间－空间。闵科夫斯基首先发现了这一性质，因而称为闵科夫斯基时空。

狭义相对性原理要求所有的物理规律对于惯性参考系具有相同的形式。然而，把引力定律放到这一形式中时，观测到的事实却不相符。爱因斯坦进而提出描述引力作用的广义相对论，再一次变革了物理学的时间－空间观念。

按照广义相对论，如果考虑到物体之间的惯性力或引力相互作用，就不存在大范围的惯性参照系，只在任意时空点存在局部惯性系；不同时空点的局部惯性系之间，通过惯性力或引力相互联系。存在惯性力的时空仍然是平直的四维闵科夫斯基时空。

存在引力场的时空，不再平直，是四维弯曲时空，其几何性质由黎曼几何描述。时空的弯曲程度由在其中物质（物体或场）及其运动的能量－动量张量，通过爱因斯坦引力场方程来确定。

在广义相对论中，时间－空间不再仅仅是物体或场运动的"舞台"，弯曲时间－空间本身就是引力场。证明引力的时间－空间的性质与在其中运动的物体和场的性质是密切相关的。物体和场运动的能量－动量作为引力场的源，通过场方程确定引力场的强度，也就是时空的弯曲程度；另一方面，弯曲时空的几何性质也决定在其中运动的物体和场的运动性质。

比如太阳作为引力场的源，其质量使得太阳所在的时空发生弯曲，其弯曲程度显示太阳引力场的强度，水星因为离太阳最近，其运动轨迹受的影响最大；同时经过太阳边缘的星光也会发生偏折。

广义相对论提出不久，天文观测就表明，广义相对论的理论计算与观测结果是一致的。可20世纪中后期的研究表明，在奇点处时间－空间亦即引力场完全失去意义，广义相对论受到了挑战。

量子时空观

　　20 世纪初，物理学从经典力学到量子理论的变革，让空间和时间的观念发生了革命性的变化，也让物理学界的陷入窘迫的境地。

　　量子力学描述的系统的空间位置和动量、时间和能量无法同时精确测量，它们满足不确定度关系；经典轨道不再有精确的意义等，如何理解量子力学以及有关测量的实质，一直存在争论。20 世纪末，关于量子纠缠、量子隐形传输、量子信息等的研究对于时间 – 空间密切相关的因果性、定域性等重要概念，也带来新的问题和挑战。

▼ 量子时空观可以解释天体塌缩

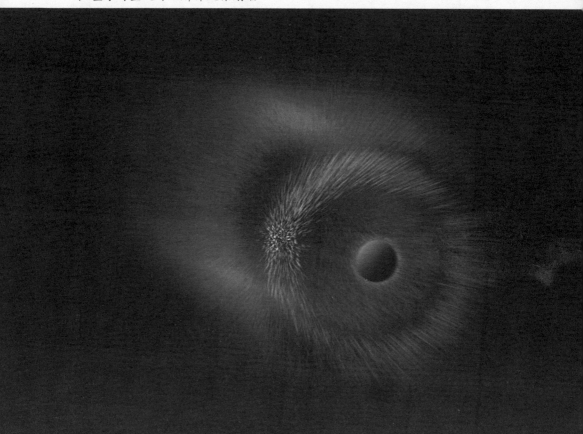

　　量子力学与狭义相对论的结合导致的量子电动力学、量子场论、电弱统一模型，包括描述强作用的量子色动力学在内的标准模型，虽然取得很大成功，但也带来一些挑战性的疑难。在深刻改变着一些有关时间－空间的重要概念的同时，也带来了一些不可忽略的问题。如真空不空、存在着零点能和真空涨落，大大改变了物理学对于真空的认识。

　　在此基础上，量子电动力学的微扰论计算可给出与实验精密符合的结果，然而这个微扰展开却是不合理的。对称性破缺的机制使传递弱作用的中间玻色子获得质量，然而希格斯场的真空期望值和零点能，在一定意义上相当于宇宙常数，其数值却比天文观测的宇宙学常数大了几十到一百多个数量级。

　　量子色动力学描述夸克和胶子之间的互相作用，但夸克和胶子却被囚禁在强子内部，至今没有发现自由的夸克和胶子，这不得不让科学家想到与真空的性质相关。

　　另一方面，量子理论预示，在 10^{-33} 厘米、10^{-43} 秒这样小的空间－时间尺度上，空间－时间的经典概念将不再适用。要解决这个问题，必须建立理论上自洽的量子引力理论，即量子时空理论。然而，量子理论和广义相对论如何结合一直没有解决。人们认为最有希望让二者结合起来可能是超弦理论或 M 理论。

　　可是，在量子意义上自洽的超弦理论或 M 理论，只能在 1 维时间 ~9 维空间或 1 维时间 ~10 维空间上实现。

　　我们完全感受不到超过四维的空间，也许我们所知的宇宙仅仅是高维时空中的"一片"（可称之为"膜"）。这点上我们不比小蚂蚁感知得更多。可人类既已想到了可能有更高维度的时空，那就可以设想在"膜"宇宙以外，是否可能存在其他的"膜"宇宙？在宇宙产生于大爆炸之前，是否还会有其他的阶段等。这些问题的研究和解决，与暗物质、暗能量，以及宇宙常数等问题都有着密切的联系。

物理学对于现在与未来的意义

　　物理学伴随着人类的脚步，从一片混沌中走来，经过漫长的摸索，如今正以其迅猛的姿态迎接着属于它的发展契机。回顾物理学的形成之路，人类相信物理学的未来将更加辉煌而灿烂，人类也将在物理学的助推下，迈向更高的文明。

　　物理学经过漫长的发展演变，在 20 世纪以后，取得了前所未有的发展速度与成就，作为整体科学技术领域中的带头学科，物理学在整个自然科学中的基础地位不容动摇。而作为推动科技发展、人类进步的动力和源泉，它的发展又不容忽视。

　　在 21 世纪物理学又一次迎来了属于它的发展时期。随着人类整体科技的进步，

▼ 物理学在新时代，正以它迅猛的发展势头取得越来越多的重大突破！人类利用物理学知识，实现了"太空漫步"的梦想。

▲ 在物理学的引领下，相信人类会在不久的将来，对宇宙探索取得更多更深入的认知。

物理学在人类生活中的重要意义更加不言而喻。

如今物理学已经发展成为研究宇宙间物质的基本组元及其基本相互作用和基本运动规律的学科。物理学的自身性质决定了它作为整个自然科学基础的地位。它的基本概念、理论、实验手段以及研究方法等，已经成为自然科学的各个学科的重要概念、理论基础和实验、研究方法，从而推动各个学科深入而迅速地发展。物理学向自然科学其他学科的广泛渗透，促使一系列交叉学科、边缘学科不断涌现并得以发展。而它们又有可能成为未来学科中快速崛起并发挥重要作用的学科。

其中宇宙学就是作为物理学的分支，在物理学一系列研究成果的基础上建立并发展起来的。作为宇宙学理论基础的热大爆炸理论，就是依据广义相对论以及粒子物理学的发展、射电望远镜等天文观察手段的提高而诞生的。可以相信，随着物理学特别是高能物理研究的不断深入发展，人类对宇宙的认知会更加科学而深入，同时宇宙学将被引入一个新的发展高度。

　　作为与化学并列的学科，物理学与化学之间的关系日益密切。诸多物理学理论、研究方法等，成为化学研究的指导思路以及工具。物理分析方法的发展，使人类对化学反应过程的观测更加直观而精准，从而极大地促进了化学的发展。同时在长期相互作用下，物理学与化学之间会逐渐形成新的衍生学科，而这又对丰富与完善科学体系、更进一步促进人类文明发展起着难以估量的作用。

　　物理学对地球科学的影响同样是深远的。在长期影响下，逐渐形成了地球物理学的概念，正是基于对电磁波传播的研究而发现了大气电离层；对宇宙线的研究而

▼ 在物理学与其他科学的相互渗透与作用下，地球形成之谜以及地球生命密码正在逐渐被破译。

▲ 空间技术、能源技术以及材料技术与信息技术的发展，为人类深入探索宇宙科学提供了巨大的帮助，宇宙飞船、空间站等已经由构想成为现实。

发现了地球内辐射带并从而导致太阳风的发现；而对洋底岩石磁性的研究，则是确定板块构造学说的关键因素。现代物理学为地球科学的实际测量提供了巨大的依据和方法。近年来，随着地质学研究范围的扩大以及核探测技术的不断提高，地质学的发展与核物理学的关系将日益密切。地质科学的前沿与尖端技术融为一体，它们所开辟的科研领域和所达到的知识深度已超过了以往任何时代。现代地质学将沿纵向和横向交叉的方向发展，核物理与地质学的衔接日益紧密，它们之间的相互作用与影响一定会再次对整体科学产生新的积极影响。

物理学对生物学以及生命科学的发展也起着巨大的作用。随着物理学不断地发展以及取得的辉煌成就，使生物学的研究逐渐进入现代生命科学领驭，物理学参与和渗入生命科学的研究已成大势所趋。在这其中首先是物理学为生命科学提供了现代化的实验手段。比如利用 X 射线衍射技术实现了人类对 DNA 双螺旋结构主体模型

▼ 相信在物理学的带动下，人类科学将会在未来取得更大的成就，届时，人类将走向又一个文明。

的认识，并由此开创了分子生物学的新时代。另外，物理学还为生命科学提供了概念、理论以及研究方法。而生物物理学的创立，则是人类用物理学知识去揭示生命之谜的一个极其重要的里程碑，它为生命科学，为生物工程展现出一个无限美好的前景。

可以预见的是，随着物理学的飞速发展，它所带来的科学变革是无法形容的，在物理学的带动下，人类科学与自然科学将向着更加繁荣的局面大步迈进。

人类科技发展史表明，物理学与应用技术的关系日益密切。如果把 18 世纪 60 年代以蒸汽机应用看作第一次技术革命的开始，并开启了物理学与应用技术互相影响序幕的话，那么，始于 19 世纪 70 年代的以电力技术的广泛应用为重要标志的第二次技术革命，就是以物理学的发展为重要基础的。而发生于 20 世纪 50 年代的第三次技术革命，则是以 20 世纪初的物理学革命为先导，物理学开始全方位渗透到技术领域，成为推动技术进步的中坚力量。物理学革命引起了技术领域的分化和综合，进而形成了蓬勃发展的高新技术群：材料技术、信息技术、能源技术、生物技术、空间技术等。高新技术群是科学理论与应用技术的高度密集和综合应用，在以后的发展中，物理学的先导和基础作用将会体现得更加鲜明而深入。未来技术的进步，也将更加依赖于物理学发展以及影响。

伴随着物理学的发展以及物理学在人类文明进程中所起着的决定性作用，社会对于物理学人才的需求将会更加急迫。而届时学习物理学、重视物理学将成为普遍性的社会话题。

物理学作为一门重要的基础自然科学，是整个科学体系的基础，也是推动整个自然科学发展的主要动力，是现在以及未来技术发展的重要保障与来源。所以掌握物理学知识是所有高科技人才不可缺少的技能，是形成其知识结构的重要基础。

此外物理学因为其形成早期与哲学的紧密联系，使得它具有深沉博大的哲学气度，它的发展，对人类物质观、时空观、宇宙观的形成注定能够产生极其深刻的影响。从一定意义上讲，现在人类的物质观、时空观、宇宙观，就是在物理学的基础上，随着物理学的发展而逐步形成的。所以物理学对人类树立正确的物质观、时空观、宇宙观具有不可忽视的重要作用。而正确的哲学观点，对一切科学研究都具有重要的指导作用。

物理学作为一门发展最早、基础性最强、影响最大的学科，在发展过程中形成了一系列思维方式及研究方法，比如求同性、简单性的思维方式，观察实验方法、理想化方法、类比方法、假说方法、数学方法等。它们对其他学科的发展起到了重要作用，并逐步成为自然科学研究中普遍应用的方法。例如，物理学家的求同性、简单性思维方式和理想化方法引入生物学，打破了生物学家固有的思维定式，使他们能够从纷繁无比的生命世界中，敏锐地挑出噬菌体——类似于物理学中的质点作为研究对象，从而创立了分子生物学这一崭新的研究领域。同时，物理学研究中的精密定量的实验方法和数学方法，对从根本上改变生物学研究中的流于空洞思辨的哲学味，克服在构造和测试概念模型时的模糊性，使生物学的研究从模糊的经验论转变为精确的科学，产生了重要影响。

除此以外，物理学本身所反映出来的崇尚理性、崇尚实践以及追求真理的精神，对任何一位科研人员都是必需的，是其科学素养的重要组成部分。

总之物理学无论是在今天还是在未来，都会作为一门指导性学科、推动性学科伴随人类文明进程的始终。可以相信，在人类文明中诞生的物理学，必将会用超出人类所能预见的影响力积极作用于人类文明。